공부하는 직업

농업경제학과 함께 한 여정

양승룡 지음

KYOWOO

저자 소개

1982년 고려대학교 농업경제학과를 졸업하고, 1989년 미국 퍼듀대학교 Purdue University에서 농업경제학 박사학위 Ph.D. in Agricultural Economics를 취득했다. 그후 미국 북서부의 노스다코타 주립대 North Dakota State University에서 농산물무역 및 마케팅을 연구하고, 국책연구기관인 한국농촌경제연구원을 거쳐 1996년부터 고려대학교 식품자원경제학과 Department of Food and Resource Economics 교수로 재직하였다. 주요 연구 분야는 농산물 유통, 가격분석, 상품선물, 국제농산물무역, 탄소배출권시장 등 일상생활에 절대적으로 필요한 것들의 시장과 거래에 관한 문제들이다. 경제학 및 경영학 이론과 계량분석, 조사 연구 등 통합적 방법론을 이용해 다양한 현실 문제에 관한 연구를 수행해 130여 편의 국내외 학술논문과 저서를 출간하였다. 한국농업정책학회 회장과 한국파생상품시장연구회 회장을 역임하였고, 대통령 직속 농어업·농어촌특별위원회, 농식품부 농정개혁위원회, 농협 경제사업활성화위원회, 대산농촌재단 이사, 〈양승룡 칼럼〉 저자, 〈NBS 초대석〉 진행 등 다양한 활동을 통해 공부한 지식을 사회에 환원하기 위해 노력하였다. 2025년 2월 고려대학교에서 정년퇴임하고 명예교수로서 인생의 두 번째 마디를 제작 중이다.

주요 저서

- 국제 탄소 시장의 이해
- 농업, 거의 모든 것의 역사
- 세상의 모든 가격 이야기
- 농산물 유통의 길을 묻다
- 희망농업콘서트
- 애그플레이션 시대의 식량안보

목차

먹는 것이 하늘이다 | 61

농업을 위한 세레나데 | 97

목차

프롤로그

나는 내가 읽는 것이다.
I am what I read.

"100년도 살지 못하는 삶에서 공부하지 않는다면 이 세상 살다간 보람을 어디에서 찾겠는가." 조선 시대 3대 천재로 불리는 다산 정약용의 말이다. 공부를 직업으로 하는 내 인생이 행복한 이유이기도 하다.

나는 고려대학교에서 농업과 자원 문제에 대한 경제학적 해법을 모색하는 식품자원경제학과 교수로 29년간 재직하고 2025년 2월 퇴임하였다. 그러나 내 인생은 농업경제학과 함께 한 여정이었다. 1989년 미 중서부 곡창지대인 인디애나 주에 위치한 퍼듀대학교(Purdue University)에서 '선물(先物) 가격의 동태적 움직임'을 분석한 연구로 박사학위를 받은 35년 차 농업경제학자이며, 1978년 고려대 농업경제학과에 입학한 후 농산물시장과 유통, 가격문제에 천착穿鑿한 45년 차 농업경제학도이다. 농업경제학은 인류 존립의 기반인 식량 생산과 자원이용에 관한 경제학적 문제를 주로 연구하는 학문 분야다.

돌이켜보면 강단에서, 학회발표에서, 학술지에 게재한 논문에서 아쉬운 부분도 있고, 부끄러운 장면도 있지만, 후회는 없다. 판

사는 판결로 말하듯 교수는 연구로 말한다. 대학에서 교수에게 요구하는 업무는 세 가지다. 교수의 성과를 평가하기 위해 점수를 매기는 업무로 강의와 연구, 그리고 사회봉사활동이다. 흔히 교수를 강의하는 사람이라고 알고 있지만, 교수의 본업은 연구라 할 수 있다. 우리가 사는 세상은 지식발전을 통해 진보하며, 인류의 지식체계는 창의적 연구의 결과로 만들어진다. 개인으로서 교수는 새로운 연구를 통해 얻은 지식과 지적 경험을 통해 우수한 강의가 가능하고, 전공 분야 외 사람들에게 새로 얻은 지식을 전하고 사회 발전을 주도하는 오피니언 리더 역할을 할 수 있다. 이런 측면에서 나는 아쉬움은 있지만, 후회는 별로 없다.

이 책은 그간 교수로서 연구와 강의, 사회봉사활동 과정에서 가졌던 여러 생각과 제언들은 묶은 수상록(隨想錄)이다. 농업경제학자로서 나를 고스란히 내보이는 것이 부끄럽기도 하지만, 농업문제와 함께 한 지난 45년을 되돌아보면서 스스로에 대한 반성과 성찰의 시간을 가질 필요가 있었다. 이 책은 공부를 직업으로 생각하는 학생이나, 공부에 관심이 없는 사람에게도 '공부하는 즐거움'의 단면을 보여줄 수 있기를 바라는 마음으로 만들어졌다. 물론 내 전공 분야를 벗어나지 못해 경제학과 농업경제학적 이슈에 한정되어 있지만, 인간의 거의 모든 행동이 경제학의 범주를 벗어나지 못한다는 평소의 지론에 따라 지적 호기심을 가진 사람이라면 누구라고 공감하며 읽을 수 있으리라 생각한다.

1부 〈경제학으로 본 세상〉은 여러 사회 현상에 대한 경제학자로서의 생각을 모았고, 2부 〈먹는 것이 하늘이다〉는 먹는 문제에 대한 단상으로 구성되어 있다. 마지막 3부 〈농업을 위한 세레나데〉는 인간의 오랜 과제이고, 여전히 어려운 숙제인 농업문제에 대한 고민과 한국 농업을 위한 제언을 담았다. 그러나 모든 칼럼이 독립적이기 때문에 이끌리는 제목에 따라 순서에 상관없이 읽어도 무방하다.

아무쪼록 이 책을 통해 공부하는 즐거움과 농업경제학의 매력이 조금이나마 전해지기를 소망한다. 특히 먹는 문제의 경제학적 해법에 관심을 가진 후학들에게 학문적 흥미와 연구이슈의 모티브를 제공해 줄 수 있으면 좋겠다.

우리의 몸은 우리가 먹는 것으로 구성되고, 우리의 영혼은 우리가 읽는 것으로 만들어진다. 항시 좋은 것을 먹고, 좋은 것을 읽고 공부하면 좋은 삶을 살 수 있다.

2026. 1.

一雲齋

PART I

경제학으로 보는 세상

공부하는 직업

우리 주변의 좋은 학자들은 학창시절 천재라는 소리를 듣던 성적 좋았던 사람보다 항상 엉뚱한 질문을 하며 자기만의 상념에 빠져 있던 사람들이 더 많다. 공부를 직업으로 선택해도 될지 알고 싶을 때 스스로 이 질문들에 답해보면 된다.

나는 학생들에게 종종 "세상에 공부하는 직업보다 좋은 게 없다"라고 말한다. 흔히 얘기하는 "공부가 제일 쉬웠어요"와 같은 우스갯소리가 아니다. 공부를 직업으로 해보지 못한 학생은 물론, 공부하는 직업인 중에서도 동의하지 않는 사람이 있을 수 있다. 그러나 나는 그렇게 생각한다. 내 주변의 많은 교수나 연구자들도 그렇게 생각하는 것으로 보인다.

나는 박사학위 취득 후 35년간 공부를 직업으로 삼았다. 대다수 주변 사람들은 대학교수를 고리타분하고 따분한 직업으로 안다. 그러나 공부하는 직업은 의외로 다이내믹하고 재미있다. 공부할 거리도 많을 뿐 아니라, 지식을 만들어 가는 과정이 도전과 응전의 흥미진진한 과정을 거치기 때문이다. 공부는 단순히 내가 모르던 지식을 얻는 과정을 의미하는 게 아니라, 세상에 새로운 지식을 더하는 과정으로 해석할 수 있다. 대학진학을 위해 또는 자격

증이나 취업을 위해 하는 지식 습득과정은 진정한 공부라 할 수 없다. 즐거움이 동반되지 않기 때문이다. 일찍이 공자가 설파했듯이 아무런 대가 없이 순수히 앎의 즐거움을 위한 공부가 진정한 공부라 할 수 있다. 그러나 직업으로서의 공부는 그 이상의 의미를 지닌다.

오늘날 세상이 돌아가는 모습을 보면 숨이 가쁘다. 사물인터넷, 인공지능, 자율주행, 로봇 등 하루가 다르게 새로운 것들이 생겨난다. 이 모든 것들이 불과 30년 전까지만 해도 상상도 하지 못했던 것들이다. 내가 미국 유학에서 돌아온 1994년은 '인터넷'이라는 물건이 세상에 막 알려진 때였다. 당시 최첨단 기술로 장착한 30대의 나는 수업시간에 이메일과 인터넷 전자상거래를 학생들에게 소개해 인기를 얻었다. 그러나 지금의 나는 하루가 다르게 진화하는 스마트폰의 20%도 활용하지 못한다. 인류의 달 착륙에 열광하며 어린 시절을 보낸 나는 화성과 목성 너머 우주의 비밀을 탐험하는 인간의 능력에 입이 턱 벌어진다. 죽기 직전의 사람을 냉동해 다시 살려내거나, 복제 인간이나 인조인간을 만드는 실력이니 100년 후 우리 세상이 어떤 모습일지 상상조차 되지 않는다.

이 모든 것들이 인간의 머리에서 나왔다. 이것이 공부의 힘이다. 공부하는 사람들의 수많은 연구가 모여 이런 것들이 가능했다. 인류의 미래는 여전히 공부에 달려 있다. 공부의 궁극적 가치는 새로운 지식을 만드는 것이다. 당대에는 아무짝에도 쓸모없는 것처럼 보이는 지식이 켜켜이 쌓이고 숙성되면서 거대한 지적 진보의 동력이 된다. 당장 먹거리가 되지 않지만 이런 지식을 만드는 과정을 기꺼이 감당할 힘은 당연히 호기심과 창의력에서 나온다. 인류 역사상 이런 일은 거의 먹고사는데 자유로운 성직자나 상위 계급의 전유물이었다. 서양의 귀족과 동양의 사대부 같은 집단이 계급사회의 불평등에 힘입어 인류 지식체계의 견인차가 되었다. 이들 때문에 앨빈 토플러가 규정한 세 개의 물결, 〈농업혁명〉, 〈산업혁명〉, 그리고 〈정보혁명〉이 가능했다. 그러나 이 세 물결은 결국 문자와 인쇄술, 그리고 인터넷이 가져다준 지식 혁명이었다.

오늘날 우리는 공부를 직업으로 선택할 수 있다. 공부가 세상을 움직이는 힘이고, 공부하는 사람이 많을수록 지식체계가 기하급수적으로 확장되며, 공부하는 직군을 운영하는데 드는 사회적 비용보다 편익이 훨씬 크다는 묵시적 합의 때문이다. 공부의 사회적 의미와 중요성과는 별개로 공부라는 직업은 개인적으로도 대단히 효용 가치가 높다. 공부의 핵심인 연구는 새로운 지식을 만드는 일이다. 그렇게 만들어진 지식이 당장 어떤 가치를 지니는지와 상관없이 대단히 재미있고 흥분되는 일이다. 해보면 안다. 나는 이것이 인간의 본성이라고 본다.

나는 학생들에게 공부를 직업으로 선택하거나 좋은 학자가 되기 위해서는 세 가지 조건이 필요하다고 얘기한다. 첫째, 호기심이 많아야 한다. 주변의 모든 현상이나 책에서 읽은 내용, 심지어 교수들의 강의 내용까지 의문의 대상이 되어야 한다. 수업시간에 들은 강의 내용을 필기해가며 외우고, 금과옥조로 여기는 학생은 공부하는 직업에서 성공하기 어렵다. 좋은 학자의 가장 중요한 덕

목은 '의심'이기 때문이다. 두 번째는 그런 호기심을 풀기 위해 미루지 않고 당장 행동하는 적극성이다. 호기심은 많되 궁금한 것을 해결하는 과정이 게으른 사람은 호기심을 지식으로 만들지 못한다. 공부하는 사람의 마지막 딕목은 지루하고 고통스러운 지적 탐구과정을 견딜 수 있는 끈기다. 흔히 얘기하는 '엉덩이가 무거운' 사람이어야 된다.

우리 주변의 좋은 학자들은 학창시절 천재라는 소리를 듣던 성적 좋았던 사람보다 항상 엉뚱한 질문을 하며 자기만의 상념에 빠져 있던 사람들이 더 많다.* 공부를 직업으로 선택해도 될지 알고 싶을 때 스스로 이 질문들에 답해보면 된다.

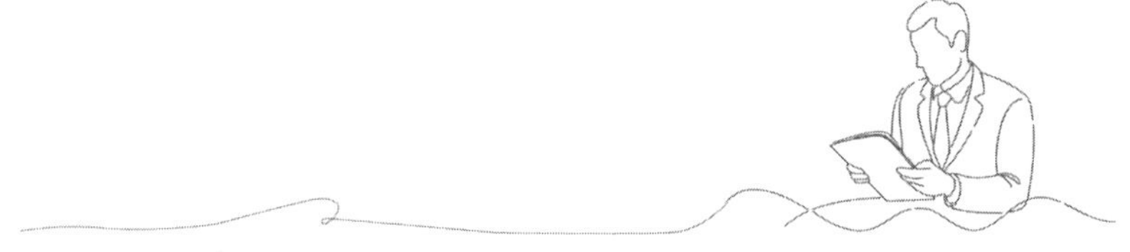

* 학문이 學文이 아니고 學問인 것은 예전의 글(文)을 배우는데 그치는 것이 아니라, 물어서(問) 배우기 때문이다.

대학 시절 꼭 읽어야 할 책

책은 사람을 만든다. 사람은 어떤 책을 읽었는가에 따라 만들어진다. 그러나 가장 중요한 책, 꼭 읽어야 할 책은 없는 것 같다. 모든 책이 다 의미가 있다. 사람에 따라, 상황에 따라 책이 주는 감동과 재미는 달라진다. 그러니 그저 많이 읽는 것이 좋다.

고대신문 기자로부터 '학부생 시절 꼭 읽어야 할 책'에 대한 원고를 부탁받고 별생각 없이 응했다가 이내 후회를 했다. 우리 학생들이 읽었으면 하는 책들이 너무 많기도 하고, 꼭 읽어야 하는 책의 의미가 너무 무겁기 때문이기도 했다. 꼭 읽어야 하는 책이란 어떤 책이어야 할까? 그런 책을 읽지 않으면 어떤 문제가 생길까? 무엇보다 꼭 읽어야 하는 책이 주는 감동과 교훈이 모든 사람에게 똑같을까 하는 우문愚問에 가까운 걱정이 들었다. 아무리 생각해봐도 꼭 읽어야 하는 책이 떠오르지 않는다.

나의 책 읽기 습관은 잡식성이다. 우리가 사는 세상의 모든 것에 관심이 많고 알고 싶은 것이 많기 때문이다. 경제학을 전공하지만, 전공 관련 서적보다 소설 읽기를 좋아하고, 시도 좋아한다. 술의 기원에 관한 얘기나 화가에 대한 숨겨진 얘기도 좋아한다. 수시로 꺼내 들고, 집어 들어 읽는다. 무협 소설도 읽고, 과학 에

세이도 읽는다. 때론 뜻밖의 재미를 만나 혼자 미소 짓기도 하고, 방금 마친 책이 주는 감동의 여운에 아쉬워하기도 한다. 물론 돈이 아까운 책들도 있다.

책은 사람을 만든다. 사람은 어떤 책을 읽었는가에 따라 만들어진다. 그러나 가장 중요한 책, 꼭 읽어야 할 책은 없는 것 같다. 모든 책이 다 의미가 있다. 사람에 따라, 상황에 따라 책이 주는 감동과 재미는 달라진다. 그러니 그저 많이 읽는 것이 좋다. 전공이나 학습에 필요한 책뿐 아니라, 모든 영역의 책을 가리지 않고 읽는 것이 좋다. 우리가 사는 세상이 그만큼 다양하고 복잡하기 때문이다. 그래서 모든 책이 흥미로울 수밖에 없다.

그럼에도 불구하고 특별한 책들이 있다. 화들짝 정신을 깨우는 책이 있다. 인생을 바꾸거나 세상만사에 새로운 의미를 부여하는 그런 책들도 있다. 내겐 고등학생 시절에 읽었던 〈놀라운 신세계 A Brave New World(올더스 헉슬리)〉와 대학 시절에 읽었던 〈만다라(김성동)〉, 그리고 〈제3의 물결(앨빈 토플러)〉이 그런 책이다. 1932년에 출간된 〈놀라운 신세계〉는 과학기술로 인간과 세상을 완전히 통제하는 암울한 미래를 그린 책이다. 이 책을 읽던 1970년대 무렵 50년 전에 쓰인 소설이라고는 믿기지 않을 만큼 황당하면서도 흥미로웠던 기억이 아직도 생생하다. 그런데 90년이 지난 지금, 헉슬리가 상상만으로 그렸던 그런 세상이 현실이 되고 있다. 생명공학과 나노과학으로 통제된 세계가 머지않아 보인다. 로봇이나 투명 망토 등 불가능해 보이던 상상의 세계로 인류의 미래를 이끄는 소설가들이 존경스럽지 않을 수 없다.

그런 측면에서 1980년에 출간된 〈제3의 물결 The Third Wave〉도 경이로운 책이다. 이 책은 〈미래 충격 Future Shock〉, 〈권력 이동 Power Shift〉과 함께 3부작으로 기획된 시리즈의 두 번째이다. 인류의 역사를 농업혁명과 산업혁명, 그리고 정보혁명으로 나누고, 세 번째 물결인 정보혁명 시대의 세상과 인간사회의 모습을 조망한 이 책은 토플러 자신이 스스로 감탄했듯이 오늘날 우리가 사는 모습을 놀라울 정도로 생생하게 그리고 있다. 〈제3의 물결〉에 담겨 있던 폭넓은 통찰과 논리 정연한 예측은 나를 학자의 길로 이끈 결정적 계기의 하나가 되었다.

군부독재 정권하에서 무력감과 수치심으로 방황하던 젊은 날 내 정신을 후려쳐 깨운 책이 있다. 인간으로서 항상 깨어 살아야 하며, 인간의 본성을 알기 위해 평생을 정진해야 한다는 것을 가르쳐준 책이 김성동의 〈만다라〉다. 승적을 박탈당한 구도자의 처절한 자전소설인 〈만다라〉는 철저하게 인간을 주제로 한 책이었다. 내 젊은 날 그 책을 만날 수 있었다는 것은 행운이었다고 생각한다. 우리 학생들도 그런 책들을 만날 수 있기를 바란다. 그러기 위해서는 많은 책을 만나야 한다. 바람둥이처럼.

'4차 산업혁명'이라고?

산업혁명 시대를 살아본 나는 기존의 개념과 경험으로는 상상조차 하지 못하는 새로운 세상이 오고 있음을 직감한다. 이 놀라운 세상에는 당연히 새로운 이름이 필요하다. 산업혁명이 아니라 지능혁명이다.

오늘날 전 세계를 휩쓰는 핵심 키워드의 하나가 4차 산업혁명4th Industrial Revolution이다. 정부도 대통령 직속 4차산업혁명위원회를 두고 이런저런 일을 하고 있다. 이 위원회 홈페이지에 게시된 설명에 의하면 18세기에 시작된 산업혁명을 4단계로 구분해 증기기관에 의한 기계화를 1차 산업혁명, 19세기 전기에너지를 이용한 대량생산을 2차 산업혁명, 1990년대 인터넷 정보화를 3차 산업혁명, 그리고 2000년대 인공지능과 초연결사회超連結社會를 4차 산업혁명으로 부른다는 것이다.

그런데 아무리 생각해도 이 명칭이 불편하다. 세계경제포럼 창시자인 클라우스 슈밥이 2015년 처음 사용한 것으로 알려진 4차 산업혁명은 분류학 측면에서도 어색할 뿐만 아니라, 제러미 리프킨이 주창한 3차 산업혁명의 교묘한 표절로 보인다. 만약 4차 산업혁명이라는 분류가 적절하다면 3차 산업혁명 기간은 채 10년도

되지 않는다. 리프킨 본인도 한 강연에서 4차산업이라는 명칭은 실체가 없는 마케팅 용어에 지나지 않는다며 불편한 심기를 숨기지 않았다. 리프킨은 2011년에 출간한 〈3차 산업혁명 The Third Industrial Revolution〉과 2014년 〈한계비용 제로 사회 Zero Marginal Cost Society〉에서 현재도 진행 중인 산업혁명 시대를 정보와 에너지 네트워크를 기준으로 3단계로 구분하고, 인터넷 기술과 재생 에너지가 융합해 가져올 혁신적 변화를 3차 산업혁명이라 명명했다. 나는 리프킨의 3차 산업혁명이 현재를 설명하는데 유효한 명명이라고 본다. 4차 산업혁명이라는 분류는 용어의 오용 또는 남용으로 보인다.

그러나 오늘날 우리가 사는 이 엄청난 변혁의 시대를 여전히 산업혁명의 범주로 분류하는 것도 마땅치 않다. 좁은 의미로 공업과 동의어인 산업 industry은 재화를 만드는 제조업을 의미한다. 리프킨 말대로 한계생산비용이 0에 수렴한다면 산업의 시대는 끝나고 있음을 의미한다. 인터넷 기술이 확장해 한계비용이 0이 되면 생산을 통해 이윤을 얻을 수 없기 때문이다.* 따라서 리프킨이나 슈밥 보다 한 세대 이전에 인류의 문명을 3개의 물결로 나눈 앨빈 토플러의 분류법이 훨씬 타당해 보인다.

토플러는, 장장 25년에 걸쳐, 다가오는 세상을 뛰어난 혜안으로 분석하고 조망한 3부작 〈미래 충격〉, 〈제3의 물결〉, 그리고

* 한계생산비용은 재화나 용역을 한 단위 더(one more unit) 생산하는데 드는 비용으로, 리프킨은 인터넷 기술은 생산시설을 한 번 구축하면 생산을 하는데 필요한 비용이 거의 없는 특징을 가진다고 설명하고 있다. 이에 따라 3차 산업혁명 시대에는 한계생산비용이 0에 수렴하기 때문에 이윤기반의 자본주의 시장경제가 협력적 공유경제로 대체될 것이라 주장한다.

〈권력 이동〉을 출간했다. 그는 여기서 오늘날 세상을 '정보혁명 Information Revolution' 시대로 명명한 바 있다. 지식과 정보는 인류사회를 혁신적으로 바꿀 핵심요인이며, 사회의 권력 지형이 정보를 중심으로 재편될 것이라 예견했다.

토플러는 인류의 역사를 3개의 거대한 물결로 분류한다. 1만 년 전 농업혁명이 가져온 제1의 물결, 18세기 산업혁명의 제2의 물결, 그리고 오늘날 인터넷 정보혁명의 제3의 물결이 그것이다. 이 세 물결의 공통점은 생산방식의 혁신을 통해 인류의 살아가는 모습과 방식, 그리고 생각의 틀을 바꿨다는 데 있다. 인간은 농업혁명을 통해 비로소 기아와 영양실조에서 벗어날 수 있었고, 안정적인 삶과 활발한 종족 번식이 가능해졌다. 소비하고 남은 식량을 사고파는 거래가 늘면서 시장이 만들어지고, 사유재산이 형성되기 시작했다. 농업은 무리를 이루고 사는 인간사회와 사유재산을 근거로 하는 시장경제체제의 기반인 동시에 인류문명의 토대가 되었다.

농업은 또한 정신세계의 바탕이 되었다. 소설가 베르베르는 곡식을 심고 거두는 농업이 인간에게 '미래'라는 관념을 심어주고 사후세계를 상상하게 하여 의식을 변화시키고 종교를 탄생시켰다고 쓰고 있다. 농업혁명의 바탕 위에 산업혁명은 자본주의와 시민사회를 잉태했고, 인터넷이 가져온 지식정보혁명은 기존의 산업구조를 근본적으로 변화시키며 완전히 새로운 사회를 만들고 있다.

그러나 '정보혁명'이라는 명칭도 아쉬움이 있다. 토플러 스스로 설명했듯이 농업혁명과 산업혁명 모두 정보교환의 혁신에서 기인했기 때문이다. 농업혁명은 문자, 산업혁명은 인쇄술이 발명되어 가능했다. 문자와 인쇄술은 정보를 교환하고 지식을 축적하는 정보혁명 수단이다. 나는 인터넷이 가져온 이 정보혁명을 '지능혁명 intelligence revolution'이라 명명하는 것이 더 적절하다고 본다.

생전에 한국을 방문한 토플러는 한 인터뷰에서 자신의 혜안에 스스로 놀랐다고 자평한 적 있다. 그러나 토플러의 3부작이 미처 보지 못한 기술변혁이 이미 우리의 생산방식과 생활양식, 그리고 생각의 틀을 혁신적으로 바꾸고 있다. 아날로그 정보를 단순히 디지털 정보로 바꾸는 정보혁명을 넘어, 이를 다시 아날로그 세상에 구현하는 것은 완전히 다른 이야기다. 인공지능을 장착한 로봇과 공존하는 세상, 자율주행으로 어디든 갈 수 있는 세상, 생각만으로 사물을 움직이고 가상세계를 만드는 세상이다. 이는 단순히 지식정보가 권력의 근원이 되는 차원을 넘어선 세상이다. 산업혁명 시대를 살아본 나는 기존의 개념과 경험으로는 상상조차 하지 못하는 새로운 세상이 오고 있음을 직감한다. 이 놀라운 세상에는 당연히 새로운 이름이 필요하다. 산업혁명이 아니라 지능혁명이다.

가상화폐 사태 관전기

이 사태의 두 번째 교훈은 온 국민이 경제를 공부해야 한다는 것이다. 전문적 수준은 아니더라도 적어도 경제학적으로 합당한 질문을 할 정도는 되어야 한다. 그래야 이 복잡하고 정신없이 돌아가는 세상에서 눈뜬 채 코 베이지 않고 살 수 있다.

일주일 만에 10만 원 넘던 시장가치가 99.99% 하락해 0.3원에 거래 중지된 전대미문의 사태가 발생했다. 가상화폐 루나 Lunar 이야기다. 상품과 자산 가격을 주로 연구하는 교수의 관점에서 보면 이번 사태는 이미 예견된 것이다. 어쩌면 가상화폐의 원조인 비트코인이 아직 건재한 것이 이상할 정도다. 2008년 미국에서 발생한 서브프라임 사태를 계기로 탈중앙화를 선언하며 등장한 비트코인 Bitcoin 가격이 10억 원에 이를 것이라는 주장을 보면 탐욕으로 돌아가는 투기판의 끝판왕을 보는 것 같다.*

가상화폐의 가치와 미래에 관한 논쟁은 일정한 패턴을 보인다. 대부분 경제학자는 비트코인의 본원적 가치가 없어 가격이 궁극

---

* 종이 화폐의 대안으로 국채나 법정 화폐로 가치를 보증하는 스테이블 코인 Stable coin은 비트코인과 다른 경제학적 메커니즘으로 움직인다. 탈중앙화의 대표주자인 비트코인에 대한 실수요는 주로 세금회피, 뇌물, 비자금 조성, 범죄수익 거래 등으로, 경제의 건전한 발전을 저해할 수 있다.

적으로 0에 수렴할 것으로 예견한다. 노벨 경제학상의 폴 크루그먼이나 미 재무장관 재닛 옐런, IMF 총재 게오르기 에바, 심지어 가치투자의 귀재인 워런 버핏도 같은 입장이다. 이에 반해 가상화폐의 추종자들은 대부분 엔지니어다. 경제적 가치의 관점보다 기술 메커니즘 관점에서 보는데 익숙한 사람들이다.

우리 정부도 경제학자 의견에 동조해 비트코인을 가상화폐로 부르지 않고 가상자산이라 한다. 비트코인(그리고 알트코인 Alt-coin으로 불리는 아류의 가상화폐)이 화폐의 근본기능을 제대로 수행하지 못한다고 보기 때문이다. 다만 누군가는 계속 사고, 따라서 가치가 0 이상으로 유지되기 때문에 자산으로 인정해준다. 그런데 비트코인을 누가 왜 살까? 우리가 일상적으로 거래하는 상품과 달리 비트코인은 어떤 효용도 제공하지 못한다. 먹는 것도 아니고, 화폐처럼 교환을 매개하는 기능도 하지 못하는데 비트코인을 사는 이유는 가격 상승에 대한 기대 때문이다. 이를 경제학에서는 투기 speculation라 부른다. 본원적 가치 없이 투기적 욕망으로 거래되는 자산이 얼마나 오래 유지될 수 있을까? 역사적 투기상품인 튤립은 버블이 터지기까지 4년, 현대판 투기상품 서브프라임 Subprime 대출은 6년 정도 걸렸다. 비트코인은 내 예상보다 오래 버티고 있으며, 이것이 우리 국방예산보다 많은 58조 원을 한순간에 잿더미로 만든 루나 사태의 원인이다.

테라-루나 사태의 본질을 이해하기 위해 몇 가지 질문을 던질 수 있다. 달이라는 의미의 루나는 지구라는 의미의 테라 Terra의 위성자산이다. 대부분 가상화폐가 하루 수십 퍼센트씩 변동해 화폐 역할을 하지 못하는 한계를 극복하기 위해 만든 개념이 스테이블 코인이다. 테라 1개 가치를 1달러에 고정되게 하는 알고리즘을 통해 가상자산의 가치를 안정시키며, 이를 위해 루나라는 위성 화폐를 만들었다. 설계자는 서로의 중력으로 일정한 거리를 유지하는 지구와 달처럼, 두 가상화폐의 가치를 일정하게 유지하는 알고리즘을 만든 창의성에 자기 머리를 쓰다듬었을지 모른다. 그러나 실제로는 테라의 가격 변동성을 루나 가격에 전가하는 것에 지나지 않는다. 테라가 일정하게 유지될 때 루나가 변동하는 이유다.

그런데 루나 가격 움직임이 이상했다. 2018년 최초 발행가 120원인 루나가 폭락 직전 10만 원을 넘었다. 단지 테라의 가치를 1달러로 유지하는 것이 존재 이유인 루나를 누가 왜 샀을까? 가치의 본질에 대한 이해 없는 투기적 욕망 말고는 설명할 수 없다. 이 과정에서 루나 가격을 계속 상승하게 만든 가격조작을 의심할 수 있다. 시장조성으로 포장된 시장개입과 통정거래가 있었을 것이다.

그러면 화폐 기능도 없으면서 언제나 1달러 가치를 유지하는 테라는 누가 왜 샀을까? 투기적 가치도 없는 테라는 구매자를 끌어오기 위해 연 20% 이자를 약속했다. 이는 피라미드 사기의 원조인 폰지 Ponzi를 연상케 한다. 뒷사람의 투자금으로 앞사람의 수익을 제공하는 피라미드 게임은 뒷사람이 더 없을 때 무너지게 된다. 저금리 시대에 20% 이자는 테라에 열광하게 했고, 기존투자자는 너무 많고 신규투자자가 유입되지 않자 무너질 수밖에 없었다. 이 가상화폐 운영회사의 자본금은 단돈 2달러(공동대표 각 1달러)로 알려졌다. 애당초 지키기 어려운 약속이고 지속하기 어려운 운영모델이었다.

루나 사태의 피해자가 28만 명에 이른다는 금융당국의 발표가 있었다. 피해자 대부분이 2030 젊은 세대라는 점에서 더욱 안타깝다. 내 주변에 이렇게 복잡하게 디자인된 가상자산을 이해하고 (또는 이해하는 척하면서) 투자하는 기성세대는 본적이 없다. 가상자산이라는 상품의 특성상 주로 디지털 세대에게 어필한 이유도 있지만, 3포 세대로 불리는 청년들에게 일확천금의 기회로 회자膾炙 되면서 젊은 피해자들을 양산한 것으로 보인다. 미국의 일류 대학을 졸업하고 승승장구하던 루나의 젊은 창업자는 외국에서 체포되어 미국으로 송환되었다. 자본주의 시장경제의 기본 질서를 훼손한 죄로 최소 100년의 형량이 예상되어 이번 생에서는 밝은 세상을 보는 것이 어려워 보인다.

이 사태를 보면서 정부의 역할이 무엇이어야 하는지 생각하게 된다. 갈등의 조정자이면서 균형성장을 견인해야 할 정부는 새로운 산업에 대한 적절한 규제와 감독 기능을 충실히 해야 한다. 이 사태의 두 번째 교훈은 온 국민이 경제를 공부해야 한다는 것이다. 전문적 수준은 아니더라도, 적어도 경제학적으로 합당한 질문을 할 정도는 되어야 한다. 그래야 이 복잡하고 정신없이 돌아가는 세상에서 눈뜬 채 코 베이지 않고 살 수 있다.

파생상품을 아십니까?

파생상품은 위험을 없애기 위한 양다리 걸치기 대상이다. 헤지하는 기업은 자신의 경영 상태와 반대되는 포지션의 파생상품을 취함으로써 위험으로부터 자유로워지고, 경영에 전념할 수 있다.

나는 오랫동안 선물 Futures과 옵션 options 등 파생상품 派生商品을 강의했다. 그런데 수업시간에 학생들이 왕왕 질문 한다. "교수님도 선물이나 옵션 투자를 하십니까?" 질문의 속뜻은, 파생상품을 가르치는 교수는 선물이나 옵션에 전문가이니 당연히 실전 투자를 할 것이고, 그에 따른 수익률이 궁금한 것이다. 결론부터 얘기하면, 나는 파생상품 투자 실패자이며, 주변 사람들이 수익을 목적으로 투자하는 것을 말리는 편이다. 특히 학생들이 어설픈 실력으로 파생상품에 투자하는 것을 반대한다. 파생상품 거래는 그만큼 위험하고, 금융시장이 효율적이어서 투자 수익을 얻는 것이 거의 불가능하기 때문이다.

2008년 서브프라임 사태를 촉발한 CDS credit default swap나 환율 방어를 위한 키코 KIKO, 미국과의 통화 스왑 currency swap 등이 매스컴에 오르내리면서 파생상품에 대한 관심이 높아졌다. 파생상품 derivatives이란 그 자산의 가치가 어떤 기초자산 underlying asset의 가치에 의해 결정되는 계약을 의미한다. 선물이나 옵션, 보험 등이 여기에 해당한다. 파생상품의 기초자산으로는 주식, 채권, 부동산, 금, 곡물 등 변동하는 가치를 가지는 모든 자산이 대상이 된다. 지구온난화의 주범인 온실가스를 비롯해, 날씨나 파산 bankruptcy 등도 파생상품의 대상이 된다.

파생상품은 키코의 사례에서 보듯이 수익구조가 대단히 복잡하고, 레버리지leverage가 매우 크기 때문에 투자위험이 크고 일반인의 접근이 어렵다. 그러나 우리의 일상적인 경제생활은 부지불식간에 다양한 종류의 파생상품과 연계되어 있다. 자동차보험이나 화재보험을 사는 것도 파생상품을 사는 것이다. 납품업체와 계약거래를 하거나, 밭떼기 거래를 통해 배추를 파는 것도 파생상품을 이용하는 것이다. 은행에서 고정금리로 대출을 받는 것도 파생상품 때문에 가능하다.

파생상품은 기본적으로 실물경제 활동에서 발생하는 위험을 관리하기 위한 수단으로 개발되었다. 위험은 합리적인 경영 의사결정을 방해하기 때문에 문제가 된다. 경영에 관련된 위험을 제거하는 행위를 헤지 hedge라고 한다. 헤지란 '울타리 치기' 또는 '양다리 걸치기'라는 뜻으로, 어떤 경영 주체의 성과를 시장위험으로부터 보호하는 행위라 할 수 있다. 파생상품은 위험을 없애기 위한 양다리 걸치기 대상이다. 헤지를 하는 기업은 자신의 경영 상태와 반대되는 포지션의 파생상품을 취함으로써 위험으로부터 자유로워지고, 경영에 전념할 수 있다.

그러나 헤지를 한다고 해서 시장에 존재하는 위험이 사라지는 것은 아니다. 다만 헤저 hedger가 직면한 위험이 다른 사람에게 이전되는 것이다. 이렇게 위험을 이전받는 사람을 투기자 speculator라 하며, 투기자들은 헤저의 위험을 전가 받는 대가로 위험프리미엄 risk premium을 추구한다. 즉, 투기자는 위험에 대한 보호 protection를 파는 것이고, 헤저는 이를 프리미엄(보험료)을 주고 사는 것이다. 이 프리미엄이 투기자가 추구하는 자본수익이다.

이렇게 위험을 사고파는 대표적 상품이 보험이다. 우리가 보험을 살 때 지불하는 보험료는 위험프리미엄에 해당한다. 그러나 보험회사 경우에는 보험가입자와의 계약에 따라 정해진 보험료를 수취하지만, 파생상품 투기자 경우는 자신이 떠안은 위험에 대한 보상이 보장되지 않는다. 위험프리미엄도 가격이기 때문에 수요공급에 따라 결정된다. 시장에 투기자들이 많을수록 위험에 대한 프리미엄이 낮아지며, 이는 헤저에게 좋은 현상이다. 그러나 투기자가 돈을 벌 가능성도 적어진다.

항상 다양한 종류의 시장위험에 직면하는 기업이 파생상품을 잘 이해하고 활용한다면 득이 된다. 그런 측면에서 키코 사태는 파생상품에 대한 이해의 부족에서 발생한 참사라고 볼 수 있다. 여러 복잡한 옵션을 합성해 만든 키코 KIKO라는 금융상품의 수익함수는 애당초 헤지의 수단이 되지 못하게 디자인되어 있었다.* 오히려 환율이 크게 변동할 경우 더 커다란 위험에 노출되는 계약이다. 만약 이 상품을 판매한 은행이 여기에 내재한 위험을 정확

---

* KIKO는 knock-in and knock-out option의 약자로, 특정 조건이 되면 작동하거나 무효화 되는 복합 옵션을 의미한다.

하게 설명하지 않았다면 그 참사의 책임은 은행에도 있다.

길지 않은 금융시장사에서 파생상품으로 몰락한 금융기관이 적지 않음을 고려할 때 이는 전문가들도 다루기 어려운 영역임이 틀림없다. 그러나 실물경제에서 활동하는 기업이나 경제 주체들에게 파생상품은 유용한 위험관리 수단이 된다. 욕심부리지 않고 파생상품을 잘 이해하고 활용한다면 곳곳에 위험이 도사리고 있는 현실 경제에서 소중한 무기를 가지고 있는 것과 같다. 그래서 파생상품을 '양날의 검劍'이라고 한다.*

* 한쪽 면에만 날이 서 있는 칼을 도끼라 하고, 양쪽 면에 날이 있는 칼을 검이라 한다. 검은 도에 비해 상대를 공격하는 데 장점이 있지만, 자칫 잘못 다루면 자신을 벨 수도 있다.

농업, 거의 모든 것의 역사

농업은 인류가 가진 거의 모든 것의 역사이다. 이는 현재도 그렇고 미래에도 그럴 것이다. 농업을 망치면 미래가 있을 수 없다. 먹거리는 인공지능과 로봇이 판치는 오늘날에도 우리 인간의 공통된 즐거움이고 놀이문화이며, 생명줄이다.

인류의 역사는 2백만 년으로 추정된다. 이 시간의 길이는 46억 년 지구 역사를 우리 키에 비교할 때 머리카락 한 올 두께 정도 된다. 수억 년 전에 이미 진화가 완성됐다고 알려진 상어나 바퀴벌레 등에 비하면 보잘것없는 역사를 가진 인류가 어떻게 오늘날의 찬란한 문명을 이루고 살 수 있을까?

미래학자 앨빈 토플러는 인류의 역사를 3개의 거대한 물결로 분류하였다. 1만 년 전 농업혁명을 제1의 물결, 18세기 영국에서 시작한 산업혁명을 제2의 물결, 오늘날 인터넷 기반의 정보혁명을 제3의 물결이라 칭하였다. 이 세 가지 물결의 공통점은 생산방식의 혁신을 통해 인류의 살아가는 모습(생활양식)과 방식(사회조직), 그리고 생각의 틀(철학과 이념)을 바꿨다는 데 있다. 산업혁명은 자본주의와 시장경제체제, 시민사회를 잉태하였고, 정보혁명은 기존의 산업구조를 근본적으로 변화시키며 새로운 사회를 만들고 있다. 그러나 이 두 물결은 첫 번째 물결이 없었다면 결코 존재하지 못했을 것이다. 농업혁명은 인류가 원시인의 모습에서 벗어나 문명을 이루고 사는데 결정적 기여를 했다.

농업혁명은 먹을거리를 채집과 수렵에 의존하던 인간이 씨앗을 적절한 시기에 땅에 심고 이를 잘 관리하면 수십 배, 수백 배의 수확이 가능한 것을 이해하고 실행한 것을 의미한다. 이는 18세기 프랑스 재무장관이었던 튀르고 Jacques Turgot를 위시한 유럽의 중농학파(최초의 경제학자들로 알려진)들이 농업만이 유일하게 부富를 창출하는 가장 중요한 산업으로 인식한 근거가 된다. 농업을 중시하는 이런 전통은 아직도 유럽대륙에 깊게 뿌리내리고 있으며, 농업에 대한 애정과 농업·농촌정책의 토대가 된다.

농업혁명을 이룬 농사의 비법을 알기까지는 아마 백만 년 이상의 시간이 필요했을 것이다. 오랜 시간에 걸친 관찰과 실험이 있었을 것이고, 이런 정보를 후세에 전달하기 위한 문자를 비롯한 다양한 정보전달 수단이 필요했을 것이다. 불분명한 의미와 부정확한 정보는 수많은 시행착오를 낳았을 것이고, 보다 정확한 사실을 얻기까지는 또 수없이 많은 시간과 노력이 소요되었을 것이다. 이렇게 길고 긴 과정을 거쳐 유용한 먹을거리, 즉 식량으로 이용할 수 있는 작물이 무엇인지 알게 되었을 것이고, 이들의 씨앗을 얻는 방법, 싹을 틔우고, 물 관리를 하고, 수확하고, 저장하고, 가공하는 방법이 얻어졌을 것이다.

이런 고통스럽고 지루한 과정은 혁명이 되기에 충분했다. 인간은 농업혁명을 통해 비로소 오랜 기아와 영양실조에서 벗어날 수 있었다. 식량을 조달하는 데서 오는 위험과 떠돌이 생활에서 벗어나 안정적인 삶과 활발한 종족 번식이 가능했다. 수명은 연장되고, 인구수는 늘어나 공동체가 형성되었을 것이다. 한편, 소비하고 남은 여분의 식량을 서로 사고파는 거래가 늘면서 시장이 만들어지고, 사유재산이 형성되기 시작하였다. 농업은 무리를 이루고 사는 인간사회와 사유재산을 근거로 하는 시장경제체제의 근본이 되는 동시에 인류문명의 토대가 되었다.

농업은 인류의 물질문명뿐만 아니라 정신세계의 바탕이 되었다. 프랑스 소설가 베르베르는 〈신神〉이라는 소설에서 곡식을 심고 거두는 농업은 인간에게 미래라는 관념을 심어주고, 사후의 삶을 상상하게 하여 인류의 정신을 변화시키고 종교를 탄생시켰다고 쓰고 있다.

농업은 인류가 가진 거의 모든 것의 역사이다. 이는 현재도 그렇고 미래에도 그럴 것이다. 농업을 망치면 미래가 있을 수 없다. 먹거리는 인공지능과 로봇이 판치는 오늘날에도 우리 인간의 공통된 즐거움이고 놀이문화이며, 생명줄이다. 농업은 2백 년 역사의 미숙한 경제학이 아니라 농업의 가치에 대한 깊은 이해와 철학을 바탕으로 지켜져야 한다.

우리는 어떤 자본주의를 원하는가?

고속도로에 나가면 종종 이런 현상을 본다. 멋진 차들이 서로 경쟁하듯 S자로 가로지르고, 경적을 울리고, 급정거와 급발진을 반복한다. 그들은 그러한 노력으로 아마 10분 먼저 도착할 수 있을지 모른다. 그러나 그들은 같은 고속도로를 사용하는 대다수 차량에 위협이 되고, 정체를 일으키며, 때로는 사고를 유발해 결과적으로 전체에 피해를 준다.

자본주의 시장경제는 대한민국의 핵심 운영체계 OS: Operating System이다. 그런데 이 시스템이 왕왕 비인간적이라 비난받는다. 세계에서 유례를 찾기 어려울 만큼 빠른 성장을 이루며 선진국 문턱에 선 우리의 자본주의가 어떤 모습을 하고 있고, 우리 후손 세대에게 어떤 세상을 물려 줄 것인지 진지하게 고민하지 않을 수 없다. 이 문제에 대한 답을 하기 위해서는 우선 자본주의의 본질을 이해해야 한다.

도대체 자본주의란 무엇일까? 이를 이해하기 위해서는 먼저 자본이 무엇인지 알아야 한다. 우리는 흔히 자본을 '투자를 위한 돈이나 자산' 정도로 이해한다. 틀린 것은 아니지만 자본주의를 제대로 이해하는 데는 충분하지 않다. 자본은 본래 '우회적迂廻的 생산수단'을 의미한다. 우회생산은 기본 생산 요소인 토지나 노동을 소비재 생산에 전부 사용하지 않고 그 일부를 '중간생산재'의 생산에 우회적으로 사용한 다음, 그 생산재를 이용해 최종 소비재의 생산을 비약적으로 증가시키는 생산방식을 말한다. 예를 들면, 맨손으로 매일 3마리의 물고기를 겨우 잡던 어부가 노동력의 일부뷴을 들여 그물을 만들고(그동안의 생산은 포기하면서), 이를 이용해 30마리의 물고기를 잡는 것이 우회생산이다. 이때 우회 생산된 그물을 자본재라고 한다. 자본주의는 기존의 토지(또는 자연)에 노동을 결합해 이루어진 생산체계를 자본이라는 우회생산을 통해 생산성을 획기적으로 높인 생산체계, 또는 그런 인식이라고 할 수 있다.

이렇게 훌륭한 개념의 자본주의가 왜 많은 사람의 비난을 받을까? 그것은 우회생산으로 증가한 생산물 또는 이익이 생산과정에 투입된 노동과 자본의 소유자에게 공평하게 분배되지 않고 자본가에게 더 많이 분배되기 때문이다. 산업혁명 초기 엔클로저 운동 Enclosure Movement으로 농지에서 쫓겨 난 수많은 농민이 도시노동자가 되면서 생계를 유지하려는 노동자는 넘쳐난 한편, 자본재를 소유한 자본가의 수는 적어 힘의 불균형이 생겼다. 이런 힘의 불균형은 분배의 불균등을 가져오고, 이는 다시 더 큰 불균형을 초래하는 악순환을 가져왔다. 자본주의 경제가 성장할수록 분배의 불균등이 발생하는 것은 자본주의에 내재한 현상이다. 그리고 이런 불균등 분배를 합리화시킨 것이 공리주의功利主義와 시장경쟁을 근간으로 하는 고전 경제학이다.

자유경쟁과 이기심 등 개념으로 무장한 고전 경제학은 효율을 가장 중요한 가치로 추구한다. 효율이란 가장 적은 자원(비용)으로 가장 많은 산출(이윤)을 얻는 것을 의미한다. 여기에 공리주의Utilitarianism는 가장 효율적인 것이 사회적으로 가장 좋은 것이라고 주장한다. 이런 과정에서 손해 보는 소수보다 이득을 얻는 이가 많으면 좋은 것이며, 심지어 다수가 고통받더라도 소수의 이득이 더 크면 선善이 되는 것이다. 그러나 이것은 자연의 법칙이고, 정글의 법칙이다. 효율 지상주의는 인간을 단순한 노동의 공급자로 전락시키고, 자본의 대체재로 만들어 버린다. 그 결과 승자독식 사회, 20 대 80 사회, '일등만 기억하는 세상'이 탄생하였다.

고속도로에 나가면 종종 이런 현상을 본다. 멋진 차들이 서로 경쟁하듯 S자로 가로지르고, 경적을 울리고, 급정거와 급발진을 반복한다. 아마 그들은 그러한 노력으로 한 10분 먼저 도착할 수 있을지 모른다. 그러나 그들은 같은 고속도로를 사용하는 대다수 차량에 위협이 되고, 정체를 일으키며, 때로는 사고를 유발해 결과적으로 전체에 피해를 준다.

효율만을 추구하는 자본주의도 이와 같다. 우리에게 필요한 것은 인간의 법칙이 작동하는 자본주의다. 이를 위해 자본주의 시스템에 '정의 Justice'라는 요소를 포함해야 한다. 최근 세간에 정의가 화두로 등장한 이유는 많은 사람이 정의를 갈망하기 때문일 것이다. 정의正義란 "인간이 인간의 존엄성을 지키며 살 수 있게 하는 것"으로 정의定意할 수 있다. 공평한 분배와 공정한 경쟁이 효율과 균형을 이룰 때 비로소 인간적인 자본주의를 만들 수 있다. 우리가 상상하고 노력하면 이루어질 수 있다.

자본주의 위기와 공동체 대안

공동체 해법은 사적 이윤 동기가 해결하지 못하는, 또는 그것이 만드는 많은 문제의 대안이 될 수 있다. 오스트롬 교수의 노벨 경제학상 수상은 신자유주의 경제학의 한계에 대한 인식과 자본주의 시스템의 대안으로 공유경제학이 등장했다는 점에서 의미심장하다.

1989년 구소련의 붕괴로 승승장구하던 자본주의가 2008년 미국의 서브프라임 사태로 존재론적 위기를 맞았다. 경제학계에서는 자본주의의 이론적 토대였던 신자유주의 경제학에 대한 반성과 함께 새로운 경제학에 주목하였고, 그중 하나가 공유共有 경제학이다.

엘리너 오스트롬은 2009년 여성 최초로 노벨 경제학상을 수상한 인디애나 대학의 정치학 교수다. 정치학 교수가 노벨 경제학상을 받은 것도 이색적이지만, 그녀의 업적은 소위 '공유지의 비극 Tragedy of Commons'에 대한 공동체 해법을 체계화한 데 있다. 공유지의 비극이란, 산림이나 초지草地, 공기空氣 등 특별한 주인이 없는 공유지는 약탈적 사용으로 인해 필연적으로 황폐화한다는 이론으로, 이를 해결하기 위한 기존 주류경제학의 해법은 공유지를 사유화하거나 정부의 관리하에 두는 것이었다. 그러나 오스트롬은 공유지 문제를 사용자들의 공동체적 접근으로 더 잘 해결할 수 있다는 것을 귀납적으로 증명해 보였다.

공동체 해법은 사적 이윤 동기가 해결하지 못하는, 또는 그것이 만들어 내는 많은 문제의 대안이 될 수 있다. 오스트롬 교수의 노벨 경제학상 수상은 신자유주의 경제학의 한계에 대한 인식과 자본주의 시스템의 대안으로 공유경제학이 등장했다는 점에서 의미심장하다.

자유경쟁과 사유재산에 기초한 자본주의 경제체제의 기본요소는 기업이다. 기업은 자본과 노동을 결합해 가장 잘 만들 수 있는 것을 생산하고, 이를 통해 이윤을 극대화하는 것을 목적으로 영위되는 경제적 기구이다. 이때 이윤은 노동에 대한 보수(임금)와 자본에 대한 보수(이자)를 지불하고 남은 몫이다. 그런데 임금을 결정하는 힘이 자본가에게 있다. 자본가가 기업의 주인이라는 인식 때문이다. 이는 또한 법적으로 보장된다(적어도 자본주의 체제에서는). 이것이 노동자와 자본가가 대립하는 근본적 이유이며, 자본주의 문제의 출발점이기도 하다.

오늘날 자본가들은 전문경영인을 고용해 도덕적 비난을 피하면서 최대의 이윤을 확보할 수 있다. 자본가들은 불황을 만나면 가장 먼저 고용을 줄이거나, 보다 싼 노동력을 찾아 국경을 넘기도 한다. 전자를 구조조정, 후자를 자본자유화라 부른다. 경쟁이 치열할수록 기업에 인간은 사라지고 노동자와 사용자만 남게 된다.

협동조합은 자본주의의 폐해가 극심했던 19세기 후반 이윤 극대화를 목적으로 하는 민간기업으로부터 농민이나 소비자를 보호하기 위한 대응 방안으로 등장했다. 민간기업이 투자자의 수익을 위해 영위되는 반면, 협동조합은 투자자이자 이용자인 조합원의 편익을 위해 운용된다. 기업의 의사결정은 자본의 크기에 의해 지배되지만, 협동조합은 '조합원 1인 1표 주의'에 의한 민주적 지배구조를 형성한다.

협동조합은 이미 사적私的 영역에서 공동체 대안이다. 오늘날 자본주의 폐해가 심각해지면서 협동조합의 역할과 중요성은 더욱 커지고 있다. 그러나 자본주의 시장경제에서 대규모 자본과 권력으로 무장한 기업과 경쟁해야 하는 협동조합 경영은 매우 어려운 과제가 아닐 수 없다. 급변하는 시장구조와 제도적 불확실성 하에서 협동조합은 정체성 유지와 생존의 갈림길에서 끊임없이 고민하고 갈등한다.

최근 전 세계적으로 협동조합은 다양한 형태와 구조로 진화하고 있다. 한국의 협동조합도 주변 여건과 시장 상황에 따라 변화할 수밖에 없다. 협동조합의 나라로 불리는 이탈리아에서는 헌법에 협동조합의 기능과 사회적 역할을 명시해 각종 세제와 제도적 혜택을 보장하고 있다. 우리도 타산지석으로 삼아야 할 것이다.

자유무역을 다시 본다

오늘날 현대인은 노동과 직업을 통해 존재의미를 찾는다. 조직이나 국가 전체를 위해 희생을 강요당한 노동자가 사회의 건전한 구성원이 될 수 있을까? 심지어 그 희생의 수혜자가 기업의 대주주나 사회 특권층이라면? 대대로 해오던 농업을 천직으로 여기는 농민의 기본권을 FTA 지원대책이라는 돈으로 보상할 수 있다는 경제철학이 과연 정의로운가? 자유무역을 효율의 관점뿐 아니라 정의의 관점에서도 봐야 하는 이유다.

한동안 일방적으로 진행되던 자유무역협정 FTA: Free Trade Agreements 논의에 다시 불이 지펴졌다. 단기필마로 자유무역 당위론에 맞선 케임브리지 대학의 장하준 교수 때문이다. 그는 국방부가 금서로 지정해 오히려 인기도서가 된 〈나쁜 사마리아인〉과 베스트셀러 〈그들이 말하지 않은 23가지 이야기〉의 저자이다. 장 교수가 일련의 시리즈를 통해 일관되게 펴는 주장은 자유무역의 이점이라는 것이 선진국들의 감언이설이라는 것이다.

미국과 유럽 선진국들이 자본주의 초기에 보호무역을 통해 내수시장과 산업 경쟁력을 키워 선진국이 되고 나면 후발개도국들이 그들을 따라 하지 못하도록 보호무역이라는 '사다리'를 걷어차고 자유무역이 좋다고 설득하고, 때로는 팔을 비틀기도 한다는 것이다. 한미 FTA는 이러한 사다리 걷어차기의 대표적인 사례로 우리가 만약 1960년대에 자유무역을 택했다면 오늘날 삼성전자나 현대자동차는 없었을 것이라는 다소 거친 전망도 한다. 장 교수가 무역자유화를 금과옥조로 하는 자유주의 진영의 일방적인 독주에 용기 있게 제동을 걸었지만, 그의 고군분투가 결실을 거둘 수 있을지는 희망적이지 않다.*

자본주의의 역사는 250년에 지나지 않지만, 인류 역사상 가장 성공적인 시스템이다. 그러나 자본주의는 홀로 성장한 것이 아니라 공리주의 Utilitarianism라는 토양 위에서 뿌리내릴 수 있었다. 흔히 '최대 다수의 최대 행복'이라는 명제로 유명한 공리주의는 인간 행위의 도덕적 근거를 개인의 이익과 쾌락에 두고, 개인이나 국가의 행동은 다수의 행복을 극대화하는 방향으로 이루어져야 한다고 주장한다. 오늘날 경제학 교과서가 효용 극대화로부터 시작하는 것은 주류경제학이 공리주의에 사상적 기반을 두는 것을 의미한다. 신자유주의 경제학은 시장개방을 통해 일부 생산자나 소비자가 손해 볼 수 있지만, 이익이 손해보다 크기 때문에 전체적으로는 이익이며, 따라서 좋은 것이라고 주장한다.

그런데 전 세계에 정의 Justice 신드롬을 가져온 하버드 대학의 마이클 샌델 Michael Sandel 교수는 공리주의의 도덕적 문제점을 지적하고 있다. 그는 우선 개인의 행복 또는 효용을 어떻게 측정하고 합

---

* 그러나 거침없이 질주하던 신자유주의에 급제동이 건 인물이 미국의 트럼프 대통령이라는 사실은 역사의 아이러니가 아닐 수 없다. MAGA(Make America Great Again) 캠페인으로 재선에 성공한 트럼프는 2025년 세계 모든 국가를 대상으로 일방적인 고율 관세를 부과함으로써 20세기를 지배했던 자유무역 시대의 종말을 고했다. 경제학 이론을 깡그리 무시한 그의 정책이 향후 어떤 방향으로 전개될지 알 수 없다. 바야흐로 다시 불확실성의 시대다.

할 것인지를 묻는다. 개인의 효용을 비교하고 합하기 위해서는 계량 가능한 단일 측정수단이 필요하다. 경제학은 돈을 이용해 이 문제를 해결한다. 개인의 소비나 투자뿐 아니라 국가적 사업도 모두 돈으로 환산해 비용과 편익을 비교한다. 경제성분석을 해 본 사람들은 이러한 분석이 '코에 걸면 코걸이, 귀에 걸면 귀걸이'임을 알지만 별다른 대안을 찾지 못해 모른 척한다.

자유무역협정을 논할 때마다 등장하는 경제성분석도 이 문제를 비켜 갈 수 없다. 이런 공리주의적 분석은 FTA로 인한 이익이 누구에게 어떤 방식으로 분배되는지, 돈이 FTA로 인해 피해 본 사람들의 불행을 얼마나 정확하게 대변하는지는 모르쇠로 일관한다. 샌델은 로마 검투사를 예로 들면서, 공리주의의 더 심각한 문제는 인간의 기본권을 도외시하는 것이라 비판한다.

다수의 행복이 소수의 불행보다 크다 하더라도 그 불행이 생존권이나 인권을 침해할 정도로 크다면 정당하다고 보기 어렵다. 우리는 WTO와 FTA 등 시장개방 과정에서 얼마나 많은 노동자와 농민들이 스스로 목숨을 끊었는지 알고 있다. 오늘날 현대인은 노동과 직업을 통해 존재의미를 찾는다. 조직이나 국가 전체를 위해 희생을 강요당한 노동자가 사회의 건전한 구성원이 될 수 있을까? 심지어 그 희생의 수혜자가 기업의 대주주나 사회 특권층이라면? 대대로 해오던 농업을 천직으로 여기는 농민의 기본권을 FTA 지원대책이라는 돈으로 보상할 수 있다는 경제철학이 과연 정의로운가? 자유무역을 효율의 관점뿐 아니라 정의의 관점에서도 봐야 하는 이유다.

농산물가격 이해하기 : 불편한 진실

그로부터 40년이 지난 지금도 가격은 여전히 농업문제의 시작이자 끝이다. 가격은 농업소득과 경영안정의 결정 변수이며, 농업 기피와 농촌 소멸의 근본 원인이다. 새 정부가 들어설 때마다 이런저런 농업 정책을 도입한다. 그러나 농산물가격 문제는 여전하다. 나는 그 이유가 가격문제에 대한 이해의 부족에 있다고 본다. 문제에 대한 진단이 정확하지 않으면 적절한 처방도 가능할 수 없다.

나의 주 연구 분야는 농산물가격이다. 연구업적 대부분을 가격과 가격을 결정하는 시장 및 유통구조가 차지한다. 내가 대학원에 진학해 학문의 길에 들어섰던 1980년대, 가격은 우리 농업문제의 중심에 있었다. 그로부터 40년이 지난 지금도 가격은 여전히 농업문제의 시작이자 끝이다. 가격은 농업소득과 경영안정의 결정 변수이며, 농업 기피와 농촌 소멸의 근본 원인이다. 새 정부가 들어설 때마다 이런저런 농업정책을 도입한다. 그러나 농산물가격 문제는 여전하다. 나는 그 이유가 가격문제에 대한 이해의 부족에 있다고 본다. 문제에 대한 진단이 정확하지 않으면 적절한 처방도 가능할 수 없다.

농산물 가격문제는 두 가지다. 첫째는 가격수준이 다른 상품이나 자산, 특히 토지나 자본재에 비해 상대적으로 낮을 뿐 아니라, 경제성장 과정에서 계속 낮아지는 것이다. 낮은 가격은 수익성 하락과 확대재생산의 어려움을 의미한다. 그러나 이는 한국만의 문제가 아니다. 전 세계 농업이 똑같이 겪는 숙명적인 문제다.

농산물가격의 상대적 저위低位는 (거의) 완전경쟁적 생산구조와 세계화에 그 원인이 있다. 경제이론에 의하면 완전경쟁 산업의 이윤은 0이다. 만약 이윤이 있다면 순식간에 생산 규모의 확대나 새로운 경영체의 진입이 발생해 결국 이윤을 낼 수 없는 구조가 된다. 농업경영체들은 경쟁에서 우위를 차지하기 위해 규모화를 통한 비용 절감과 기술개발을 통한 생산성 향상을 도모하지만, 이는 결국 생산물가격의 하락을 일으킬 뿐이다. 여기에 세계화로 포장된 무역자유화와 혁명적 정보화는 경쟁을 더욱 촉진한다. 전 세계에서 가장 생산성 높은 경영체들이 치열하게 경쟁하는 시장에서 경쟁력이 낮은 영세농이 이윤을 얻을 수 있는 가격이 가능할 리 없다. 이와 함께 소득이 증가함에 따라 식품지출이 줄어드는 현상, 즉 엥겔의 법칙 Law of Engel도 농업의 사양화斜陽化를 촉진하는 중요한 원인이다.

농산물가격의 두 번째 문제는 좀 더 심각하다. 낮은 가격수준은 규모화나 마케팅 전략, 집단행동 등을 통해 일정 부분 대응할 수 있다. 그러나 수시로 반복하는 가격의 급격한 변동은 농가 파산이나 생계, 더 나아가 생존을 위협하는 치명적인 문제다. 농산물가격의 높은 변동성은 기후나 병충해 영향이 지대한 생산적 특성,

저장이 어려운 상품적 특성, 그리고 비탄력적인 소비행태에 기인한다. 슈퍼컴퓨터를 이용한 기상 예보나 복잡한 과정의 관측사업도 급작스러운 날씨변동에 따른 생산 차질에는 속수무책일 수밖에 없다. 농산물 가치에 비해 높은 비용이 소요되는 저장도 가격 등락 폭을 완화하기는 역부족이다.

풍년기근의 원인이 되는 수요의 비탄력성도 해결하기 어려운 문제다. 작황이 좋아 생산이 증가하면 가격이 생산 증가율보다 더 크게 하락한다. 이는 농산물 수요가 가격변화에 민감하게 반응하지 않기 때문이다. 반대로 생산이 감소할 때 가격이 폭등하는 것도 같은 이유다. 대체재가 거의 없는 농산물에 대한 이런 소비행태는 아무도 바꿀 수 없다.

농산물가격의 이런 고질적이고 치명적 문제는 구조적이고 근원적이다. 이를 애꿎은 유통상인의 농간이나 경매제와 같은 거래제도의 탓으로 돌려서는 올바른 해법을 찾을 수 없다. 문제의 원인을 정확하고 객관적으로 이해하고 각 원인에 대한 세밀한 대응책을 모색해야 한다. 한국 농업의 생존을 위해 좀 더 적극적이고 창의적인 노력이 필요하다.

도시형 스마트팜Smart Farm은 예정된 미래인가?

튼튼한 식량안보는 공급원의 다양화에서 비롯된다는 측면에서 대규모 공장식 생산은 식량안보에 위험 요인이 될 수 있다. 식물공장이나 배양육은 생산 안정성과 제품 안전성 측면에서 주목받고 있지만, 대기업 자본에 의해 지배될 식량 수급이 식량안보에 긍정적일 지도 따져봐야 한다. 무엇보다 우려스러운 것은 도시형 스마트팜이 현재도 급속히 진행되는 농촌 소멸을 가속화 하는 것이다.

1915년 길버트 베일리의 소설 제목에서 유래한 수직농장 vertical farm이 현실이 되고 있다. 하늘로 치솟은 도심 빌딩 안에서 도시민이 소비하는 먹거리를 직접 생산해 조달한다는 소설 속 이야기가 실험 단계를 거쳐 상용화 단계에 진입했다. 사물인터넷 등 정보통신기술을 통해 시간과 장소의 제약 없이 농사 환경을 관측하고, 인공지능을 통해 생산을 관리하는 스마트팜이 미래 대안으로 떠오르고 있다. 2021년 중국에서 데이터를 이용한 인공지능 기술팀과 농업을 전업으로 하는 농부팀의 딸기재배 대결이 벌어져 세간의 관심을 끌었다. 이 흥미로운 승부는 기술팀이 평균 2배의 수확량과 수익성에서도 앞서는 결과를 보여 세상을 놀라게 했다.

최근 스마트팜이 도시를 중심으로 확산되고 있다. 도심에서 농작물을 생산하는 식물공장 형태의 도시형 스마트팜은 농생명과학과 인공지능에 힘입어 상당한 가능성을 보여주며 약진하고 있다. 식물공장은 통제된 시설에서 빛과 온도 등 재배환경을 인위적으로 제어해 공산품처럼 균일한 농작물을 연속생산하는 농업 형태다. 생산지가 소비지에 위치해 물류비용을 최소화할 수 있고, 수급 조절이 쉬운 강점 등으로 오랫동안 농업에 진출을 시도했던 도시 자본의 투자를 받고 있다. 식물공장의 대표 사례인 〈메트로팜〉은 이미 서울 시내 여러 지하철역에 설치돼 운영되고 있으며, 식물공장을 설치한 카페나 식당 등도 운영되고 있다.

도시형 스마트팜의 결정판은 대체육代替肉이다. 콩으로 만든 식물성 대체육은 채식을 선호하는 소비자나 환경주의자를 중심으로 시장을 넓혀가고 있다. 줄기세포 기술을 이용한 배양육培養肉은 세포 배양을 통해 3D 프린터로 찍어내기 때문에 토지 사용이나 에너지 소비를 획기적으로 줄이고, 삼겹살이나 안심 등 인기 있는 부위만 집중적으로 생산할 수 있는 강점이 있다. 대체육이나 배양육은 기본적으로 공장에서 생산하기 때문에 관행 축산의 문제점으로 지적되는 악취나 환경오염도 피할 수 있어 축산업을 긴장시키고 있다.

정부는 스마트팜을 미래 성장산업으로 지정하고 스마트팜 확산을 추진하고 있다. 생명공학연구원은 배양육을 국가생존을 위한 10대 미래 유망기술로 지정했다. 그러나 식물공장과 공장 축산으로 요약할 수 있는 도시형 스마트팜은 여러 측면에서 적지 않은 과제와 논란거리를 제공한다. 우선 이런 방식으로 생산된 먹거리가 소비자의 선택을 얼마나 받을 수 있을지 의문이다. 자연 생태와 에너지에 의해 생산되는 농작물이나 축산물에 비해 맛이나 품질, 영양학적으로 대등한 제품을 기대하기 어렵다. 그럼에도 불구하고 대규모 자본이 투입된 이들 제품이 시장에 진입하는 과정에서 과도한 경쟁과 마케팅으로 시장 질서를 심각하게 훼손되지 않을까 우려된다.

튼튼한 식량안보는 공급원의 다양화에서 비롯된다는 측면에서 대규모 공장식 생산은 식량안보에 위험 요인이 될 수 있다. 식물공장이나 배양육은 생산 안정성과 제품 안전성 측면에서 주목받고 있지만, 대기업 자본에 의해 지배될 식량 수급이 식량안보에 긍정적일 지도 따져봐야 한다. 무엇보다 우려스러운 것은 도시형 스마트팜이 현재도 급속히 진행되는 농촌 소멸을 가속화 하는 것이다. 한국 농정이 지향하는 핵심 가치인 농촌의 지속 가능한 발전과 농업의 공익적 기능을 고려할 때 도시형 스마트팜이 가져올 미래에 대한 면밀한 검토가 필요하다. 스마트팜은 농업의 정의定意와 구조, 역할에 근본적 변화를 가져올 것이다. 도시형 스마트팜의 경제성, 환경성, 사회성에 대한 심도 있는 분석과 논의가 이루어져야 한다.

쌀값과 경제학 : 문제는 불확실성이다

분명 경제학 교과서에는 공급이 줄면 가격이 상승하고 공급이 늘면 가격이 하락하는 것으로 되어 있다. 그러나 경제학에는 이번 경우와 같이 모순된 것처럼 보이는 상황을 설명하는 이론도 있다. 바로 불확실성의 경제학이다. 경제 주체들은 미래에 대한 불확실성이 급증하면 다른 대안이 없는 한 투자를 유보하거나 생산 감소, 재고 관리 등을 통해 위험에 대비한다. 이는 매우 합리적인 행동이다.

"이번에도 쌀값이 안 잡히면 경제학 교과서를 다시 써야 합니다". 며칠 전에 만난 한 고위 농정당국자의 얘기다. 정부가 20만 톤을 시장에서 격리하기로 하고, 우선 10만 톤을 수매했음에도 불구하고 하락세가 멈추지 않는 쌀값에 대한 답답함과 추가 매입에 대한 기대가 담긴 말이었다. 분명 경제학 교과서에는 공급이 줄면 가격이 상승하고 공급이 늘면 가격이 하락하는 것으로 되어 있다.* 그러나 경제학에는 이번 경우와 같이 모순된 것처럼 보이는 상황을 설명하는 이론도 있다. 바로 불확실성의 경제학이다. 경제

* 쌀 공급량은 통상 400만 톤 정도로, 이의 5%에 해당하는 20만 톤을 시장에서 격리하면, 이론적으로 가격탄력성의 역수逆數를 곱한 만큼 상승한다. 즉 가격탄력성이 0.5(0.1)라면 가격은 10(50)% 상승해야 한다. 필수재인 쌀 수요의 가격탄력성은 0.2~0.4 정도로 추정된다.

주체들은 미래에 대한 불확실성이 급증하면 다른 대안이 없는 한 투자를 유보하거나 생산 감소, 재고 관리 등을 통해 위험에 대비한다. 이는 매우 합리적인 행동이다.

아프리카 초원에서 물소 떼 무리가 한가로이 풀을 뜯고 있다. 그런데 숲속에서 "뚝" 하는 소리가 들리고 놀란 무리 중 한 마리가 뛰기 시작한다. 그러면 옆에 있던 소들도 덩달아 뛰기 시작하고, 영문도 모르는 다른 소들도 여기에 합류한다. 경제학에서는 이를 군중행동 herd behavior이라고 한다. 그런데 이런 행위가 비합리적일까? 정확한 상황을 알지 못하기 때문에 좀 더 정확한 정보를 얻기 위해 두리번거리고, 사자가 나타났는지 확인한 뒤 행동하는 것보다 일단 다른 무리에 합류하는 것이 합리적일 것이다. 위험과 불확실성은 경제의 펀더멘탈 fundamentals 못지않게 시장의 움직임에 중요한 역할을 한다. 경제 주체는 항상 시장에 존재하는 불확실성을 고려해 의사 결정하기 때문이다.

경제 주체들은 미래를 예상해 행동한다. 재고가 있는 농가나 정미소, 유통업자 등은 미래에 대한 기대와 예상 가능한 위험, 그리고 예상하기 어려운 불확실성에 반응한다. 경제이론은 재고를 보유하는 이유를 거래적 동기 transaction motive뿐 아니라 예비적 동기 precautionary motive와 투기적 동기 speculative motive로 파악하고 있다. 예비적 수요는 미래의 불확실한 상황에 대비해 이익을 얻거나 손실을 줄이는 동기에서 나오며, 투기적 수요는 미래가격의 변화로부터 수익을 추구한다.

최근의 쌀값 동향도 같은 맥락에서 이해할 수 있다. 2년 연속된

풍작에 합리적 경제 주체들은 큰 폭의 가격 하락을 예상했을 것이다. 농가는 보유하고 있는 재고를 서둘러 처분하고, 정미업자는 가급적 원료곡 수매를 연기하는 판단을 했을 것이다. 여기에 인위적 개입을 억제하고 구조조정의 기회로 삼는다는 정부의 방침은 불에 기름을 붓는 격이었을 것이다.

쌀 시장은 다른 품목에 비해 엄청나게 큰 소 떼 무리에 해당한다. 무리 속 개체들은 나름대로 바쁘게 움직이지만, 전체로서는 비교적 움직임이 적다. 그러나 일단 위험에 빠지거나 불확실한 상황에 닥쳐 한 방향으로 뛰기 시작하면 무리 전체의 움직임을 웬만해선 멈추기 어렵다. 쌀 시장과 같이 시장참가자가 많은 거대한 시장은 최대한 불확실성을 줄이는 것이 필요하다. 쌀값에 대한 정부의 의지와 능력을 확실하게 보여주는 것도 중요하다.

대체로 가격 불확실성이 큰 농산물 가격정책은 평균적인 수급보다, 예상하기 어려운 위험과 불확실성에 대한 고려를 우선해야 한다.* 그 관료의 불평은 경제학 교과서의 문제가 아니라, 경제학 교과서를 충분히 공부하지 않은 문제로 볼 수 있다.

---

* 위험은 통계학적으로 현실이 예상치를 얼마나 벗어날 수 있는지로 정의할 수 있다.

보따리무역의 경제학

보따리무역은 자본이 이윤을 추구하는데 얼마나 유능한가를 보여주는 하나의 사례다. 이런 무역은 기본적으로 관세로 인한 국내외 가격 차이가 너무 크기 때문에 존재한다

최근 중국을 오가는 보따리무역을 통한 농산물 반입이 급증해 국내 농산물시장을 교란하는 등 여러 가지 문제를 일으키고 있다. 보따리무역은 여행객들이 법적으로 휴대할 수 있는 한도 내에서 이루어지기 때문에 밀수나 불법 무역과는 차이가 있다. 그러나 이런 편법을 통한 반입이 농산물 검역과정을 피할 수 있기 때문에 궁극적으로 국내생산을 위축시키고 소비자 건강을 위협할 수 있다는 점에서 문제가 심각하다. 농산물 수집상들이 조직적으로 보따리 상인을 운영해 정상적인 무역을 위협하고 국내생산을 위축시키는 수준이라면 이 문제에 대한 올바른 진단을 바탕으로 한 합리적인 처방이 있어야 한다.

보따리무역은 자본이 이윤을 추구하는데 얼마나 유능한가를 보여주는 하나의 사례다. 이런 무역은 기본적으로 관세나 기타 무역장벽으로 인한 국내외 가격 차이가 너무 크기 때문에 존재한다. 보따리무역은 당연히 정식 절차를 걸친 무역에 비해 비용이 많이 든다. 우선 수집상이 보따리상을 고용하기 위해서는 왕복 여비와 각종 비용, 적정 보수를 보장해야 한다. 수많은 소규모 반입량을 수집해 시장에 유통하는 비용은 규모의 경제가 이루어지는 대규모 수입에 비해 매우 클 것이다.

그럼에도 불구하고 정식 루트 대신 이런 탈법적 절차를 통해 수입하는 것은 이로 인한 이익이 정상 무역의 경우보다 크기 때문이다. 밀수의 경우 적발 시 형사상 처벌을 포함해 더욱 커다란 비용이 소요되지만, 그로 인한 수익이 더욱 크기 때문에 이루어지는 것이다. 금괴나 마약 등 밀수도 자본의 이윤추구 본능에 의한 경제활동이라 할 수 있다.*

보따리무역으로 인한 국내 생산자들의 피해를 줄이고 식품 안전성을 확보하기 위해서는 두 가지 접근방법이 있을 것이다. 첫째, 정식 루트를 통한 수입비용을 줄이는 것이다. 현재 보따리무역의 대상이 되는 참깨, 고추, 마늘 등의 수입 관세가 너무 높아 정식 루트를 거친 수입보다는 보따리상을 통한 수입이 이루어지는 것이다. 관세를 높게 부과하는 것은 국내생산을 보호하기 위한 것이다.

그러나 이러한 고율 관세가 보따리무역이라는 편법을 초래해 국내 생산자를 보호할 수 없을 뿐만 아니라, 관세수입이 수집상의 이윤으로 전가된다면, 차제에 관세를 현실화해 식품 안전성을 제고시키는 동시에 관세수입을 확보하는 것이 합리적일 수 있다. 이

---

* 최근 급증한 국내 명품거래의 상당 부분이 중국의 보따리상에 의한 것이라는 보도가 있었다.

를 통한 관세수입이 국내 생산자의 경쟁력 제고를 위해 사용된다면 주어진 여건하에서 최선의 대안이 될 것이다. 그러나 이 접근방법은 국내 생산자들의 정서상 어려움이 있을 수 있다.

두 번째 방법은 보따리무역의 비용을 높이는 것이다. 이를 위해서는 휴대 가능한 반입허용 규모를 축소하고, 소규모 반입에도 검사와 검역을 강화함과 동시에 원산지증명을 철저히 시행하는 것이다. 이 방법은 보따리무역의 비용을 증가시켜 이로 인한 수익의 여지를 축소하는 것이다. 그러나 이 방법도 제도의 운영비용을 높이는 문제가 수반된다.

정책당국이 보따리무역을 근절해 국내 농산물시장의 교란을 막고 식품 안전을 강화하기 위해서는 보따리무역의 비용을 증가시키는 동시에, 합법적인 수입비용을 줄이는 전략을 병행하는 것이 선택할 수 있는 차선의 방법이 될 것이다.

통일, 북한 공영도매시장으로 준비하자

북한의 현 상황에서 가장 시급한 과제는 만성적 식량 부족의 해결일 것이다. 이에 따라 대북 식량 지원과 농업기술 제공이 최우선으로 고려되어야 한다. 그러나 이에 못지않게 중요한 과제가 북한 내에 공정하고 효율적으로 작동하는 도매시장을 설립하는 것이다.

박근혜 전 대통령의 '통일대박론'이 한때 세계적 주목을 모았던 적이 있다. 통일 비용과 편익, 통일 한국의 경제적 가치에 대한 추론들이 쏟아져 나오고, 각종 투기적 욕망이 들끓었다. 그러나 정작 통일로 가는 합리적이고 효율적인 과정에 대한 논의는 상당히 부족하였다. 통일의 경제적 비용과 사회적 갈등을 최소화하고, 경제적 편익과 가치를 높이는 방안을 모색하는 것은 미래를 준비하는 올바른 자세가 될 것이다.

독일 사례에서 보듯이 통일은 한순간에 올 수 있다. 20년간 동독에 대한 체계적인 지원을 통해 준비했음에도 불구하고 갑자기 닥친 통일은 천문학적 비용을 요구했고, 오랫동안 독일경제의 숨통을 조였다. 정권에 따라 대북정책이 널뛰기하는 우리의 경우 통일 한국이 짊어질 고통은 훨씬 더 클 것으로 예상된다. 한반도를 둘러싼 작금의 상황을 고려할 때 체계적이고 합리적인 통일 준비가 시급하다.

북한의 현 상황에서 가장 시급한 과제는 만성적 식량 부족의 해결일 것이다. 이에 따라 대북 식량 지원과 농업기술 제공이 최우선으로 고려되어야 한다. 그러나 이에 못지않게 중요한 과제가 북한 내에 공정하고 효율적으로 작동하는 도매시장을 설립하는 것이다.

1990년대 북한에서는 급격히 악화한 재정난으로 배급제가 붕괴하고, 수많은 아사자가 발생한 〈고난의 행군〉 이후 시장은 북한 주민에게 생존을 위한 절대적 수단이 되었다. 그로부터 30년이 지난 지금 북한의 시장화市場化는 과거 동독이나 개방 당시 중국을 뛰어넘어 90% 가까이 진전되었다고 한다. 여러 우여곡절을 겪었지만 시장은 이미 북한경제의 기본 운영체계가 되었다.

시장의 가장 중요한 역할은 한정된 자원을 효율적으로 배분하는 기준인 합리적 가격을 결정하는 것이다. 무엇을 언제 어떻게 생산, 유통, 소비할 것인가는 모두 가격을 기준으로 결정된다. 그러나 시장경제와 계획경제의 불편한 동거 속에서 북한의 시장은 제대로 발전하지 못했다. 북한 정부의 국정 가격은 생산과 유통에 혼선을 주고, 요동치는 시장가격은 자원 배분의 효율성을 심각하게 저해한다. 이는 시장참여자 간 정보의 비대칭성과 상인의 우월한 시장교섭력, 그리고 체계적인 시장관리의 부재에 기인한다.

공산주의 종주국인 러시아나 중국이 개방 당시 시장경제체제를 도입하면서 가장 먼저 한 일이 미국과 유럽의 시장전문가를 초청해 시장을 제도화한 일이었다. 이는 자생적으로 만들어진 시장의 비효율성과 불공정거래 가능성을 최소화하면서, 시장경제체제로 효과적으로 편입하는 당연한 행보였다. 북한 정부에 의해 합리적이고 공정하게 관리되는 효율적인 시장은 급변하는 남북관계 속에서 시장경제에 대한 거부감을 줄이고, 경제성장을 촉진해 통일의 안정적 연착륙을 가능케 할 것이다.

북한 공영도매시장의 설립은 통일 준비의 첫걸음이 되는 중요한 과제이다. 시장경제를 기본으로 하는 대한민국 경제는 금융이나 자본뿐 아니라, 농산물 거래에서도 세계 최고 수준의 시장을 운영하고 있다. 외국의 많은 국가가 우리의 시장과 운영 시스템을 배우기 위해 방문하고 있다. 우리의 시장운영 경험과 노하우가 개방과 통일 단계의 북한에 접목되면 체제이행을 신속히 하고, 통일비용을 낮추는데 중추적인 역할을 할 수 있을 것이다.

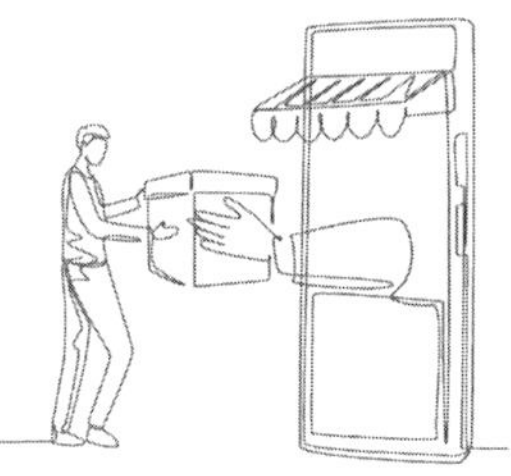

한반도 3대 미스터리, 창조경제

창조경제의 문제는 당연한 것을 강조함으로써 실제로 추구해야 하는 새로운 실천과제로 인식되는 데 있다. 그러나 구체적으로 무엇을 실천해야 하는지 알기 어렵다. 그것이 창조경제가 삼대 불가사의로 개그의 대상이 되는 이유일 것이다.

한때 시중에 떠돌던 우스갯소리가 있었다. 김정은 위원장의 생각, 안철수 의원의 새 정치, 그리고 박근혜 대통령의 창조경제가 한반도 3대 불가사의라는 것이다. 우스갯소리라고는 하지만 한 정권의 국정 운영 키워드인 창조경제가 개그의 대상이 되는 것은 심각한 문제가 아닐 수 없다. '창조경제'라는 매력적이고 진취적으로 들리는 모토가 왜 우스갯거리가 되고 있을까?

창조경제라는 키워드가 사람들 사이에 받아들이지 못하고 회자膾炙되는 것은 두 가지 측면에서 볼 수 있다. 첫째, 우리 인간은 근본적으로 창조적이기 때문이다. 45억 년 역사의 지구적 관점에서 보면 눈 깜박할 사이에 지나지 않을 200만 년의 역사를 가진 인간이 지구의 주인이 될 수 있었던 것은 다른 생물체와 달리 창조적이었기 때문이다. 불이나 문자, 바퀴, 나침이, 인터넷 등 이루 헤아릴 수 없이 많은 창조적 생각들이 찬란한 인류문명의 근간이다.

창조경제라는 단어는 오늘날 우리가 사는 세상을 들여다보면 동어반복에 지나지 않는다는 것을 알 수 있다. 창조를 강조하지 않더라도 창조적인 발명과 혁신적인 개발로 오늘날의 우리가 존재하는 것이다.

창조경제가 국정 운영의 키워드로 등장한 것이 우리 민족이 특별히 창조적이지 못하고 모방적이기 때문은 아닐 것이다. 좀 더 창조적이고 혁신적인 생각을 고무하는 의도를 지니고 있을 것이다. 그럼에도 불구하고 창조경제가 일반 국민은 물론이고 관료사회에서도 혼란을 일으키는 것은 창조라는 단어가 가지는 모호성과 구체성의 결여 때문으로 볼 수 있다. 국어사전에 창조는 "전에 없던 것을 처음으로 만듦" 또는 "새로운 성과나 업적, 가치 따위를 이룩함"으로 정의되고 있다. 창조경제는 새마을운동의 "잘살아보세"나 심지어 군부정권의 "정의로운 사회건설" 등이 가지는 함축적 구체성도 결하고 있다. 창조라는 단어는 일반 관료나 기업은 물론, 새로운 지식이나 개념을 창출하는 것을 본업으로 하는 학자나 연구자에게도 너무 크고 무거운 과제가 아닐 수 없다.

무수히 많은 조그만 지식이 쌓여 오늘날의 인터넷 정보혁명이 만들어지듯이, 유사 이래 우리 경제도 수많은 새로운 생각과 혁신적 아이디어가 성장의 원동력이었다. 이는 창조경제가 등장하기 이전에도 그랬고, 창조경제가 폐기된 이후에도 그럴 것이다. 인류 발전은 창조적 생각 때문에 가능했고, 우리는 항상 창조적 생태계에서 살고 있다. 이런 창조를 경제에 접목함으로써 뭔가 다른 것인 것처럼 혼란을 주는 것이 문제다.

창조경제의 문제는 당연한 것을 강조함으로써 실제로 추구해야 하는 새로운 실천과제로 인식되는 데 있다. 그러나 구체적으로 무엇을 실천해야 하는지 알기 어렵다. 그것이 창조경제가 삼대 불가사의로 개그의 대상이 되는 이유일 것이다.

창조경제에서 파생된 '창조농업'도 똑같은 문제를 가지고 있다. 농업생산을 비롯해 유통, 가공 등 모든 단계의 플레이어들은 매일 새로운 생각과 도전의식으로 생업을 추구하고 있다. 그 이유는 간단하다. 엄청난 경쟁에서 살아남아야 하기 때문이다. 창조농업이 이와 다른 것일 리 없다. 그러나 창조농업을 강조함으로써 뭔가 다른 방향으로 정책이나 예산을 사용한다면 오히려 비효율과 비능률의 문제를 일으킬 수 있다. 정책의 목표나 비전은 이보다 훨씬 구체적이고 실천적이어야 한다.

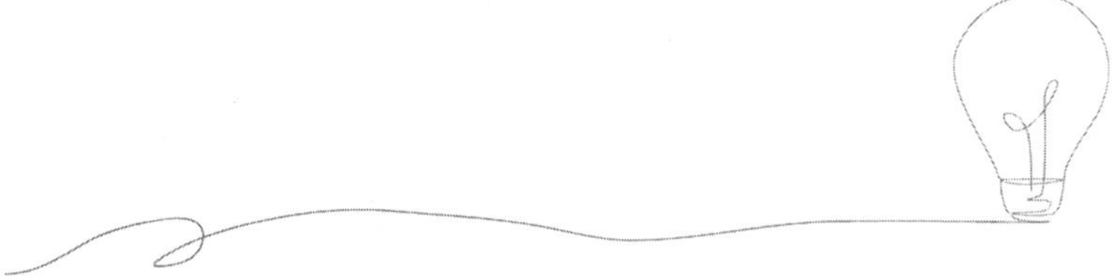

한국영화와 한국 농업

한국영화와 같이 소비자의 인정을 받는 차별화된 고품질 상품을 생산하는 것이 한국 농업이 살길이다. 한국영화가 할리우드 수준의 투자 규모를 지닌 대작을 만들기는 어렵다. 그러나 한국 관객의 정서를 바탕으로 이들의 공감을 얻는 작품을 만드는 것은 상대적으로 유리할 수밖에 없다. 마찬가지로 규모화를 통해 한국 농업의 경쟁력을 국제수준으로 제고시키는 것은 한계가 있다. 그러나 국내 소비자의 필요와 수요를 이해하고 이들의 믿음과 마음을 사로잡는 것은 가능하며, 여기에 사활을 걸어야 한다.

"... 잘 익은 배추와 수박 등을 길거리에 쌓아두고 수입개방 반대를 외치던 주름진 얼굴과 투박한 손의 농민들과는 대조적으로 한국의 대표적 영화배우들이 스크린쿼터 Screen Quota 유지를 외치며 가두시위하던 모습은 생경하기까지 하였다.* 그러나 엄청난 자본을 투자한 외국영화들이 한국영화에 밀려 조기 퇴장하는가 하면, 관객동원 수에서 한국영화들에 선두자리를 내주고 있다.

(중략) 한국영화와 같이 소비자의 인정을 받는 차별화된 고품질

---

* 스크린쿼타제는 극장이 1년에 일정 일수 이상 자국 제작 영화를 상영할 것을 의무화한 국산 영화 보호 및 진흥 정책이다. 문화적 다양성을 위한 이 제도는 우리나라에서 1966년 처음 법제화된 후 1995년 WTO 설립에 따라 〈영화진흥법〉으로 강화되었으나, 2006년 한미 FTA 체결을 위해 절반인 73일로 급격히 축소되어 시행되고 있다.

상품을 생산하는 것이 한국 농업이 살길이다. 한국영화가 할리우드 수준의 투자 규모를 지닌 대작을 만들기는 어렵다. 그러나 한국 관객의 정서를 바탕으로 이들의 공감을 얻는 작품을 만드는 것은 상대적으로 유리할 수밖에 없다. 마찬가지로 규모화를 통해 한국 농업의 경쟁력을 국제수준으로 제고시키는 것은 한계가 있다. 그러나 국내 소비자들의 필요와 수요를 이해하고 이들의 믿음과 마음을 사로잡는 것은 가능하며, 여기에 사활을 걸어야 한다."

이는 2002년 칸영화제에서 임권택 감독이 〈취화선〉으로 감독상을 수상했을 때 내가 쓴 칼럼 내용이다. 그로부터 18년 뒤, 한국어로 만든 봉준호 감독의 〈기생충〉이 아카데미 작품상을 수상했다. 스크린쿼터를 요구하며 생존을 모색하던 한국영화는 이제 세계 영화계가 주목하는 주류로 부상했다. 그러나 같은 기간 한국 농업의 현실은 더욱 암담해졌다. 쌀 관세화 유예와 WTO 개도국 지위 등 한국 농업을 지켜주었던 모든 보호막이 철폐되어 전 세계 농산물과 치열하게 경쟁하고 있다. 매년 급등락을 거듭하는 농산물가격은 여전히 농업경제의 발목을 잡고 있다. 농업소득은 최저임금에도 미치지 못하는 수준으로 하락했으며, 농업인구는 전체 인구의 4%로 하락해 정치적 입지도 그만큼 축소되었다.

한국영화는 임권택 감독 이후 어려운 여건에서도 눈부신 성과를 이뤘다. 2004년 박찬욱 감독의 〈올드보이〉, 2007년 이창동 감독의 〈밀양〉, 2012년 김기덕 감독의 〈피아타〉 등이 세계 영화제에서 상을 받았고, 2019년에는 봉준호 감독의 〈기생충〉이 아카데미 작품상을 수상해 한국영화의 최전성기를 이뤘다.* 한국영화는 한국 농업과 어떤 점이 다를까? 봉준호 감독은 시상식에서 "가장 개인적인 것이 가장 창의적"이라는 거장 스콜세지 감독의 어록을 인용해 박수를 받았다. 한국 농업은 한국영화에서 배울 점이 많아 보인다.

오늘날 소비자는 가히 왕이다. 빅데이터와 인공지능으로 대표되는 지능혁명 시대에 소비자는 모든 것에 대한 정보를 너무나 손쉽고 빠르게 취득한다. 다양한 농산물의 가격과 품질을 순식간에 비교할 수 있고, 그에 대한 평가를 광범위하게 공유할 수 있다. 생산자들에게는 악몽 같은 시대지만 그것이 현실이다. 이제 생산자는 소비자와도 경쟁해야 한다. 살아남기 위해서는 소비자를 이해하고 그들의 방식에 적응하는 수밖에 없다.

우리 농업도 소비자의 마음을 얻어야 생존할 수 있다. 이를 위해서는 남들과 같은 농산물을 똑같은 방식으로 생산해서는 성공할 수 없다. 다양한 소비자 욕구와 필요를 이해하고 새로운 소비 트렌드를 주도적으로 만들어야 한다. 청년 농업인이나 귀농인을 지원하는 정책도 획일적 성과를 요구하기보다, 개개인의 경험과 전문성을 이용해 새롭고 창의적인 생산과 마케팅이 가능하도록 유연성을 제고하고 실패를 허용하는 방향으로 재정립해야 한다.

기생충에 등장하는 〈짜파구리〉가 세계인의 주목을 받고 새로운 수출상품으로 등장한 것도 우리 농업에 시사하는 바가 적지 않다. 한국영화를 비롯한 K-문화가 우리 농업이 갈 길을 제시하고 있다. 한국 농업의 미래는 이를 여하히 이해하고 수용하는가에 달려 있다.

---

* 〈기생충〉은 2025년 뉴욕타임즈가 선정한 21세기 최고의 영화로 선정됐다.

당신의 좌표를 아십니까?

개인의 철학과 가치관을 하나의 좌표로 나타내는 것은 매우 어려울 뿐만 아니라, 자칫 오해를 불러올 수도 있다. 그러나 농업과 농촌을 위한 정부의 개입이 당연하다고 보는 내 견해가 좌파적이라면 그렇다고 할 수 있다. 또 농업문제를 연구하는 학자는 진보적일 수밖에 없다는 것이 나의 오랜 생각이다.

〈농민신문〉에 글을 쓰는 필진의 모임에서 한 기자가 이런 얘기를 했다. 농식품부의 모 관료가 내 칼럼이 대체로 좌파적이라고 했다는 것이다. 순간 10년 가까운 미국 유학 생활을 마치고 귀국한 이듬해 대표적 진보경제학자 박현채 선생이 작고해 문상을 갔을 때의 에피소드가 기억났다. 문상하고 나오는데 같이 갔던 동료 왈, "아마 여기서 시장경제학자는 양 박사님밖에 없을 겁니다."*

나를 잘 모르는 사람으로부터의 평가가 재미있기도 하지만, 그는 자신의 이념적 좌표를 잘 알고 있을까 하는 의문이 들었다. 우리 국민 중에 좌와 우, 진보와 보수의 의미를 정확하게 알고 있는

---

* 나는 학문적 정체성을 찾아 헤매던 대학원 시절부터 이 시간까지 한 번도 나 자신을 학문적으로 분류해 본 적이 없다. 이는 시장경제학이나 주류경제학, 비주류경제학 등의 분류가 주객이 전도되어 현실적인 경제문제를 해결하고자 하는 경제학의 역할에 방해된다고 생각하기 때문이다. 아마 그 동료도 '미국경제학 = 시장경제학 = 주류경제학' 이라는 등식을 무의식적으로 적용했을 것이다.

사람이 얼마나 될까? 어느 해 지자체 선거를 앞두고 시사주간지 한겨레21(2010.3.5)은 「당신의 정치인은 어디에 있나요?」라는 기사를 통해 〈정치성향 자가진단〉 캠페인을 한 적이 있다. 직접 설문에 답한 정치인과 학계, 시민단체 인사 52명의 이념적 좌표를 확인하고, 자신의 좌표에 맞는 정치인에 투표하라는 시도였다. 외국의 방법론을 도입해 국내 정치, 경제, 사회적 여건에 딱 들어맞는 것은 아니지만, 정치적 성향을 개인의 자유에 대한 선호(국가권위주의 대 개인 자유주의)와 시장의 자유에 대한 선호(보수우파 대 진보좌파)로 구성한 매우 흥미로운 이벤트였다.

우리 정치인들의 이념적 좌표는 어디에 있을까? 횡축橫軸은 완전한 시장 지상주의에 10점, 공산주의에 −10점을 주고, 종축縱軸은 국가의 이익이 개인의 자유에 우선하는 극단적 파시즘에 10점, 완전한 무정부주의에 −10점을 주어 2차원으로 구성한 좌표에 놀랍게도 보수적인 학자 두 사람을 빼고 설문대상자 모두 자유주의 좌파(평균 −5, −5)에 포진되어 있었다. 민주당을 포함한 진보진영 인사들은 말할 것도 없고, 홍준표, 오세훈, 나경원 등 보수진영 인사들도 모두 원점의 왼쪽 아래에 있다. 이는 권위주의 우파에 자리 잡은 오바마 대통령을 비롯한 유럽 정치인들과 뚜렷한 대비가 된다.

좌표상으로만 본다면 우리 정치인들은 거의 모두 좌파적이다. 이를 어떻게 해석해야 할까? 한겨레21은 우리의 경제발전 과정이 1960년대 이래 줄곧 국가 주도로 이루어져 왔기 때문으로 풀이했다. 우리 정치인들은 국가의 개입을 배제하고 시장 메커니즘에만

의존한 경제를 상상하지 못한다는 의미다.

그렇다면 개발독재 시대를 거치지 않은 우리 청소년들의 생각은 어떨까? 내가 강의하던 〈식품자원경제학개론〉은 신입생들을 대상으로 식량문제, 석유에너지 등 자원 문제, 기후변화 문제 등을 소개하고 해법을 모색하는 과목이다. 학기 초에 수강생들에게 같은 방식으로 자신의 정치성향을 조사하게 하였다. 이들의 이념적 좌표는 시장의 자유 −3.4, 개인의 자유 −2.1로 나타났다. 학기 말에 다시 조사한 결과 시장의 자유 −3.5, 개인의 자유 −1.7로 큰 변화가 없었다. 우리 학생들 역시 좌파적이며, 우리가 사는 세상의 문제를 해결하는데 정부와 국가의 역할이 중요하다는 인식을 가진 것으로 해석할 수 있다.

개인의 철학과 가치관을 하나의 좌표로 나타내는 것은 매우 어려울 뿐만 아니라, 자칫 오해를 불러올 수도 있다. 그러나 농업과 농촌을 위한 정부의 개입이 당연하다고 보는 내 견해가 좌파적이라면 그렇다고 할 수 있다. 또 농업문제를 연구하는 학자는 진보적일 수밖에 없다는 것이 나의 오랜 생각이다. 참고로 내 좌표는 -3.7, −1.8이었다.

PART Ⅱ

먹는 것이 하늘이다

金치와 날씨 파생상품

농업은 아마 가장 경영이 어려운 산업의 하나일 것이다. 우선 시장구조가 완전경쟁적이다. 생산자가 많고 규모는 영세한데 상품성도 비슷비슷하다. 소비자들은 점점 까다롭고 요구가 많아진다. 여기에 시장개방도 농업경영에 어려움을 더해 준다. 가격이 오르면 외국 농산물이 기다렸다는 듯이 수입되고, 가격이 하락하면 생산자는 그대로 손해를 봐야 한다. 소위 천장天障 효과다. 그러나 농업의 가장 큰 어려움은 생산과 유통이 날씨 위험에 거의 무방비로 노출된 것이라 할 수 있다. 이로 인해 농산물가격은 시시각각 변하며 롤러코스터를 타고 있다.

요즘 식당에 가서 김치를 더 달라고 하면 아주머니들이 눈을 흘긴다. 김치가 "金치"인 까닭이다. 가락시장에서 배추가격이 연일 최고 가격을 갱신하면서 평년 가격의 3배 이상 올랐다. 삼겹살을 먹으러 가도 우리가 좋아하는 상추와 고추 등 채소가 눈에 띄게 줄어 있다. 마트에서는 과일을 좋아하는 사람들이 선뜻 장바구니에 넣지 못한다. 딸기나 수박 등 비닐하우스에서 재배하는 과채류 가격도 연일 고공 행진한 결과다. 이 모두가 최근의 이상기온으로 인해 작물생산이 심각한 타격을 받았기 때문이다. 작년 겨울부터 시작된 혹한과 이상저온으로 꽃을 피우지 못하거나 동상해를 입는 나무들이 속출하고 있다. 잦은 비로 인한 일조량 부족도 생산성과 품질을 떨어뜨리고 시설채소의 생산비를 높이고 있다.

농업은 아마 가장 경영이 어려운 산업의 하나일 것이다. 우선 시징구조가 완진경쟁적이다. 생산자가 많고 규모는 영세한데 상품성도 비슷비슷하다. 소비자들은 점점 까다롭고 요구가 많아진다. 여기에 시장개방도 농업경영에 어려움을 더해 준다. 가격이 오르면 외국농산물이 기다렸다는 듯이 수입되고, 가격이 하락하면 생산자는 그대로 손해를 봐야 한다. 소위 천장 효과 ceiling effect 다. 그러나 농업의 가장 큰 어려움은 생산과 유통이 날씨 위험에 거의 무방비로 노출된 것이라 할 수 있다. 이로 인해 농산물가격은 시시각각 변하며 롤러코스터를 타고 있다. 기후변화에 대응해 저수지를 만들고 관개수로를 정비하고 가뭄에 오래 견디는 품종을 육종하는 것만으로는 역부족이다. 우리 농업이 지속 가능한 산업이 되기 위해서는 날씨 위험을 효과적으로 관리할 수 있는 메커니즘이 있어야 한다.

날씨 위험을 관리하는 방법으로 농작물 재해보험을 들 수 있다. 이상기온이나 태풍 등으로 피해 본 농가에게 일정한 금액을 보상해주는 것이다. 그러나 일반 보험과 마찬가지로 재해보험도 이상기후가 발생할 확률과 그로 인한 피해 정도를 정확하게 알아야 적정한 상품을 디자인할 수 있다. 엄청난 돈을 들인 슈퍼컴퓨터로도 불과 수일 후 날씨를 제대로 예측하지 못해 비난받는 우리의 기상예보능력을 고려할 때 이상기후의 발생 확률을 정확히 계산하는 것은 매우 어렵다. 이는 농업 재해보험 시장에 민간업자의 진입을 막는 가장 중요한 원인이기도 하다. 현재의 농작물 재해보험은 정부가 보험료와 운영비용의 상당 부분을 보조해 농협을 통해 운영되고 있다. 따라서 비효율적일 수밖에 없다. 이와 함께 보험의 대상과 조건이 턱없이 부족한 것이 현실이다. 2001년에 도입된 재해보험 가입률이 여전히 절반에도 미치지 않는 이유다.

미국을 비롯한 선진국에서는 날씨 파생상품 weather derivatives을 도입해 기후변화에 민감한 산업이 날씨 위험을 효과적으로 관리할 수 있게 한다. 미국의 시카고상업거래소 CME: Chicago Mechantile Exchange는 1999년에 평시보다 더 더운 날씨나 추운 날씨로부터 발생하는 손실위험을 보호할 수 있는 기온 temperature 선물을 시작으로, 서리 frost, 적설량 snowfall, 심지어는 허리케인 피해 hurricanes damage 등에 대한 파생상품을 거래하고 있다. 영국과 호주 역시 기온선물과 옵션을 거래하고 있다. 이들 파생상품은 경영 성과가 날씨의 영향을 많이 받는 농업이나 전력, 유통, 항공, 레저, 의류, 음식업 등 많은 산업이 기상이변으로 인한 예기치 않은 손실을 방지하는 데 이용된다.

국내에도 선물거래소가 있어 주식이나 채권, 환율, 금 등 파생상품을 거래하고 있다. 그러나 국가 경제와 모든 산업이 결코 피해갈 수 없는 날씨 위험에 대한 상품은 없다. 기후변화와 녹색성장이 경제활동의 키워드가 된 오늘날 날씨파생상품은 선택이 아니라 필수다. 우리도 날씨파생상품을 통해 더는 아주머니들의 눈치 보지 않고 김치를 먹을 수 있었으면 한다.

애그플레이션과 국제 식량 위기

그러나 무엇보다 정부와 우리 국민의 식량문제에 대한 정확한 인식이 필요하다. 국방도 마찬가지지만, 식량안보도 평균적 상황을 지향하는 것이 아니라, 최악의 상황에서도 확보할 수 있는 안전우선원칙을 통해 접근해야 한다.

2006년 봄 시작된 국제 농산물가격 상승세가 7년 가까이 계속된 적이 있다. 세계인구 절반이 주식으로 먹는 쌀과 또 다른 절반이 주식으로 하는 밀, 대표적 사료 원료인 옥수수 등 모든 주요 곡물 가격이 동시에 폭등했다. 소맥 가격은 한 달 새 100% 넘게 상승하고, 시카고곡물거래소 CBOT: Chicago Board of Trade 선물가격이 하루에 20%나 급등해 전 세계가 경악했다. 쌀 수출가격도 사상 최고치를 가볍게 뛰어넘었다. 중국과 인도, 베트남 등 주요 수출국의 수출제한 조치로 촉발된 농산물가격 폭등세는 1970년대 식량 위기 이래 최대치였다. 국제투자은행 메릴린치는 농산물가격 폭등이 초래한 세계적인 인플레이션을 '애그플레이션 Agflation'이라는 신조어로 불렀다.

애그플레이션 기간에 모든 곡물 가격이 동시에 상승했으나 그 원인은 각기 다르다. 밀의 경우 최대 수출국인 미국과 호주의 생산량이 크게 하락한 것이 주요 원인이다. 특히 호주의 경우 생산량이 평년의 절반 이하로 급감하여 수출물량이 크게 줄어들었다. 이에 반해 쌀의 총생산량은 매년 최고치를 기록하고 있는 상황에서 발생하였다. 이는 쌀 수요가 생산보다 더 빨리 증가한 것을 의미한다. 특히 인구 대국인 인도와 방글라데시, 필리핀의 수요가 빠른 속도로 증가하였다. 옥수수 역시 생산은 역대 최대치를 기록했으나, 유가 급등에 따른 바이오에탄올 수요와 중국의 축산물 소비증가에 힘입어 공급이 수요를 따라가지 못하는 상황이었다. 옥수수 최대 수출국인 미국은 2005년부터 에너지 안보를 강화하기 위해 바이오에탄올 사용을 의무화하고, 식용 옥수수의 30%를 자동차 연료로 전환했다.

이렇게 각 곡물 시장의 수급여건이 다름에도 국제 곡물 가격이 동시에 급등한 것은 과거와 다른 점이다. 녹색혁명 이후 1973년과 1995년 두 차례에 걸쳐 발생했던 곡물 파동은 이상기후에 의한 생산량 감소로 발생한 일시적 현상이었다. 이에 반해 애그플레이션은 수요 측면의 변화에 의한 수급불균형과 국제 금융시장에 의해 촉발된 투기적 수요가 원인이었다는 점에서 이 현상이 구조적이며, 문제의 심각성을 더해 준다. 여기서 구조적이라는 함은 단기적이고 일시적인 것이 아니라, 장기적이고 체계적 systemic 현상을 의미한다.

생산 측면에서는 재배면적의 제약과 생산기술의 정체, 부족한 수자원 등이 수요초과에 대한 즉각적인 반응을 어렵게 한다. 소비 측면에서는 경제성장과 함께 증가하는 곡물 소비와, 곡물을 원료로 하는 축산물 소비, 화석연료의 대안인 바이오에너지 관련 정책이 장기적인 수급불균형을 초래할 것이다. 여기에 거시경제와 금융시장의 불확실성은 투기적 자본을 상품시장으로 유인하고 있다. 이러한 환경의 변화가 구조적인 문제로 고착될 경우 국제 곡물시장은 장기적으로 더욱 복잡하고 불안정한 모습을 보일 것이다.

식량 파동은 식량자급률이 낮은 우리에게 커다란 경제적 부담이 되며, 특히 식량 무기화가 진행될 경우 식량안보가 위협받을 수밖에 없다. 쌀의 경우 충분히 자급하고 있어 비교적 안정적이나, 자급률이 1%에도 미치지 못하는 밀이나 옥수수 등은 매우 심각한 상황이다.

농산물가격 폭등이 실제로 물가상승으로 이어지기까지는 적어도 6개월에서 1년 이상의 시차가 존재한다. 곡물 가격이 밀가루나 사료 등 중간재 가격에 반영되고, 이들이 다시 라면이나 빵, 계란, 우유, 고기 등 최종 소비재가격에 반영되기까지 적지 않은 시간이 소요된다. 식료품 가격 상승은 다시 공공요금과 임금을 자극하고, 이것이 다시 여타 제품의 가격에 반영될 것이다.

전 세계적인 애그플레이션과 국제 식량 위기 상황에서 우리의 대응 방안은 크게 세 가지로 볼 수 있다. 첫째는 국내 생산기반 유지이고, 둘째는 국제시장에서 곡물 조달 능력을 제고시키는 것, 마지막으로 해외 식량자원 개발을 추진하는 것이다. 국내 생산기반을 유지하기 위해서는 일본과 같이 식량자급률을 법제화해 정책적 기반을 마련하고 국민을 안심시키는 것이 중요하다. 또 국내 우량농지를 유지하고, 농업소득 안정화를 통해 농업의 지속성을 유지하는 것이 필요하다. 해외 곡물 조달 능력을 제고시키기 위해서는 해외선물시장을 적극적으로 활용하고 수입선輸入線을 다변화하는 한편, 장기계약을 이용해야 한다. 이와 함께 국내 선물거래소에 수입 옥수수 등 주요 곡물을 상장시켜 국내 사료 생산자나 무역업자들이 가격위험을 관리할 수 있는 제도적 장치를 마련하는 것도 필요하다.

마지막으로 해외 식량자원 개발은 해외농장의 개발과 국제 농기업에 대한 투자, 그리고 농업펀드를 통한 간접투자를 포함할 수 있다. 이런 과제들은 적절한 제도와 충분한 기금, 그리고 전문적 인력이 필요하다. 그러나 무엇보다 정부와 우리 국민의 식량문제에 대한 정확한 인식이 필요하다. 국방도 마찬가지지만, 식량안보도 평균적 상황을 지향하는 것이 아니라, 최악의 상황에서도 확보할 수 있는 안전우선원칙 safety-first principle을 통해 접근해야 한다.

뒷북치는 식량안보, 식량 주권 회복이 급선무다

〈식량수출국기구〉가 논의되는 상황 속에서 국가 존립과 국가경영에 최우선인 식량안보를 우리 스스로 지킬 수 있어야 한다. 이는 식량 주권의 회복으로부터 시작해야 한다. 최근 식량 파동을 겪으면서 얻은 교훈이다.

'농산물가격 상승에 의한 인플레이션'이라는 뜻의 애그플레이션Agflation이라는 용어를 탄생시킨 곡물 가격폭등은 식량문제에 대한 일반의 인식을 크게 바꾸었다. 경제성장이 식량안보를 온전히 지켜주지 못한다는 것과 자유무역이 식량문제를 해결할 수 있다는 주장이 허구인 것도 이해하기 시작했다. 핸드폰과 자동차 수출을 위해 농산물을 수입할 수밖에 없다던 경제 관료와 경제학자들도 식량문제가 더는 경제적 문제에 국한된 것이 아니라고 언급한다.

식량문제에 대한 인식의 변화는 전 세계적인 현상이다. 일본은 법으로 정해진 식량자급률 목표를 상향 조정해 50%로 수정했다. 세계 식량문제의 진원지인 중국도 95%의 식량자급률 목표를 천명했다. 이 배경에는 글로벌 식량 위기가 있다. 2002년부터 7년간의 우여곡절을 거친 DDA 협상이 타결 직전 결렬되었다. 개발도상국에 허용할 특별수입제한의 발동요건이 핵심 쟁점이었다.

미국의 주장은 과거 3개년 대비 수입이 40% 이상 증가할 경우 수입을 제한하기 위한 긴급관세를 부과할 수 있도록 하자는데 반해, 인도와 중국 등 개도국은 10%를 발동요건으로 요구하였다. 일견 과도해 보이는 인도와 중국의 요구는 작금의 식량 사태를 겪으면서 식량안보가 정권의 유지와 국가의 지속적 성장에 직결된다는 교훈에 기인했을 것이다.

보도에 따르면 러시아와 우크라이나, 카자흐스탄 등 주요 밀 수출국들이 석유 수출을 통제하는 석유수출국기구(OPEC)와 같은 조직을 구상하고 있다고 한다. 세계인구의 절반이 주식으로 하는 밀 수출을 조직적으로 통제한다면 지구촌에 미치는 충격이 석유 카르텔보다 훨씬 파괴적이고 위험할 것이다. 문제는 이런 구상이 처음이 아니라는 데 있다. 세계 최대 곡물 수출국인 미국과 캐나다에서도 이런 제안이 시시때때로 등장한다. 만약 이들의 구상이 가시화된다면 식량 무기화가 전 세계적인 현상이 될 것이다. 이는 상상하기도 끔찍한 사태로 이어질 것이다.

이런 긴박한 상황 속에서 우리의 대응은 단지 식량안보 food safety를 확보하는데 그치는 것이 아니라 식량 주권 food sovereignty의 회복을 위해 노력해야 한다. 식량 주권은 한 나라의 식량안보를 지킬 방안을 스스로 결정할 수 있는 권리로 정의할 수 있다. 우리는 현재 식량 주권을 가지고 있지 못하다. 1995년 WTO 출범과 함께 식량 생산 정책과 수입 정책이 무장해제 되었기 때문이다. 이에 따라 우리의 의지와 전략에 의한 식량안보 유지가 불가능한 상태다. 우리는 작금의 식량 사태를 겪으면서 글로벌 식량문제 해결에 있어 WTO의 한계와 무력함을 똑똑히 목격했다. WTO가 지향하는 자유무역체제는 인간의 생존과 존엄성의 근간인 식량문제를 해결해 주지 못함을 확인했다.

〈식량수출국기구〉가 논의되는 상황 속에서 국기 존립과 국가경영에 최우선인 식량안보를 우리 스스로 지킬 수 있어야 한다. 이는 식량 주권의 회복으로부터 시작해야 한다. 여러 차례에 걸친 식량 파동을 겪으면서 얻은 교훈이다.

다시 식량 위기

선진국 대열에 들어선 우리에게 애그플레이션은 라면이나 짜장면 가격 인상에 그쳐 그 심각성을 체감하지 못한다. 그러나 우리의 곡물 자급률은 20%도 밑도는 사상 최저 수준이다. 그나마 쌀을 주식으로 하는 식습관이 이 수치가 얼마나 위험한지 가리고 있을 뿐이다. 미국을 비롯한 거의 모든 선진국의 식량자급률은 100%가 넘는다. 우리는 OECD 국가 중 최하 수준이다. 한국의 모든 농산물 시장이 개방된 지금 우리의 식량안보는 대단히 위태로운 상태다.

얼마 전 국제 밀 가격이 부셸 당 13달러를 넘으면서 역대 최고가를 찍었다. 이는 역사적 평균가격의 3배가 넘는 수준이다. 2022년 2월 러시아의 우크라이나 침공으로 시작된 밀 가격 상승은 여타 식량 작물과 원자재 가격으로 옮겨붙어 전 세계가 다시 애그플레이션 몸살을 앓기 시작했다. 2006년 곡물 파동을 일컬어 투자은행 메릴린치가 '농산물가격에 의한 물가상승'이라는 뜻으로 명명한 애그플레이션 Agflation은 구조적이고 장기적인 식량 위기를 의미한다. 전 지구적 식량안보에 다시 빨간불이 켜졌다.

세계인구의 절반이 주식으로 하는 밀 가격 상승은 특히 저소득국의 식량안보에 심각한 영향을 미친다. UN에 의하면 하루 2달러 이하 소득으로 연명하는 극빈층이 10억 명에 달한다. 이들에게 곡물 가격 상승은 생존을 위협하는 사안이다. 산술적으로 가격이 두 배 상승하면 끼니를 절반으로 줄여야 한다. 거의 모든 소득을 먹는 것에 써야 하는 이들에게 교육이나 문화생활은 꿈도 꿀 수 없는 사치품이다. 인간으로서 존엄성을 지킬 수 있는 최소한의 소비도 허용되지 않는다.

이렇듯 곡물 가격 상승은 많은 이들의 생존을 위협하고 국제정세를 흔드는 심각한 문제다. 2006년 애그플레이션은 전 지구적 식량 폭동과 북아프리카의 자스민 혁명 Jasmin Revolution을 촉발해 여러 부패하고 무능한 정권을 붕괴시킨 바 있다. 식량의 안정적 공급은 인간적 삶의 기본인 동시에, 국가 존립의 근본임을 확인시킨 사건이었다.

선진국 대열에 들어선 우리에게 애그플레이션은 라면이나 짜장면 가격 인상에 그쳐 그 심각성을 체감하지 못한다. 그러나 우리의 곡물 자급률은 20%도 밑도는 사상 최저 수준이다. 그나마 쌀을 주식으로 하는 식습관이 이 수치가 얼마나 위험한지 가리고 있을 뿐이다. 미국을 비롯한 거의 모든 선진국의 식량자급률은 100%가 넘는다. 우리는 OECD 국가 중 최하 수준이다. 한국의 모든 농산물시장이 개방된 지금 우리의 식량안보는 대단히 위태로운 상태다.

곡물 가격 급등락은 날씨의 영향을 많이 받는 농산물 특성상 항상 있는 일이다. 1950년대 녹색혁명 이후 세계는 여러 차례의 커다란 가격급등을 경험했다. 그러나 대부분 냉해나 병충해로 인한 수확량 감소에서 발생한 과거의 경우 재배면적 증가와 재고 관리로 수개월 내지 1년 이내 원상 복귀되었다. 하지만 2006년부터 7년간 이어진 곡물 파동은 여러 측면에서 과거와 매우 다른 패턴을 보였다.

2006년 애그플레이션은 대부분 곡물 생산이 사상 최대 상태에서 발생했다. 이는 과거와 달리 생산이 아니라 수요 요인에 의해 발생한 것을 의미한다. 흔히 수요를 증가시키는 요인으로 인구 증가와 경제성장, 그리고 곡물을 사료로 쓰는 육류 소비증가를 든다. 그러나 이런 요인들은 이미 잘 알려진 변수기 때문에 곡물 파동 같은 급격한 충격을 주지 않는다.

애그플레이션의 근본 원인은 미국의 에너지 정책 Energy Policy Act of 2005에 있다. 미국은 석유의존도를 낮추고 에너지 안보를 강화하기 위한 대안으로 바이오에너지를 선택하고, 바이오에탄올 생산에 보조금을 주고 수입 관세를 부과해 국내생산을 장려했다. 2012년까지 일정 규모의 에탄올 생산을 명령한 이 법으로 최대 수출국인 미국의 옥수수 35%가 에탄올 생산에 투입되면서 시장에 엄청난 충격을 주었다. 우리 연구실에서 수행한 시뮬레이션에 의하면 이 정책은 옥수수가격을 2.9배 상승시킨 것으로 분석됐다. 세계에서 가장 에너지 소비가 많은 미국민을 위해 전 세계 수많은 가난한 사람들이 기아와 영양실조라는 고통을 치러야 했다. 물론 세계 2위 옥수수 수입국인 한국도 엄청난 추가 비용을 지불했다.

세계는 10년 만에 다시 식량 위기를 맞고 있다. 그러나 이는 우연히 발생한 사건이 아니다. 코로나로 인한 생산 차질과 공급망

경색, 에너지 가격급등, 메뚜기 피해 등 전조 현상이 있었다. 여기에 러시아의 우크라이나 침공이 기름을 부었다. 그런데 앞으로의 식량 상황도 녹록하지 않다. 기상변화로 인한 생산 차질이 더욱 빈번해지는 반면, 재배면적 제약과 생산기술 정체, 수사원 부족 등이 위기에 대한 대응을 어렵게 하고 있다. 조만간 100억 명에 이를 인구와 늘어나는 축산물 소비, 바이오에너지 정책이 만성적 수급불균형을 초래할 것이다. 이를 틈타 국제 투기자본이 수시로 곡물 시장을 넘나들며 가격 변동성을 높일 것이다.

우리의 식량안보 대응은 항상 뒷북만 친다. 곡물 가격이 안정적일 때는 아무도 관심을 두지 않다가 곡물 파동이 오면 호들갑 떤다. 국가안보는 평시에 준비해야 하듯, 식량안보도 마찬가지다. 무엇보다 전 국민이 식량문제의 중요성을 이해하고 비용이 많이 드는 식량안보 food safety 강화에 동의해야 한다. 이보다 중요한 것은 WTO 체제에서 잃어버린 식량 주권 food sovereignty을 회복하는 것이다. 식량 주권은 식량안보를 어떻게 할 것인가를 스스로 결정할 수 있는 권리다. 이를 바탕으로 식량문제에 접근하는 전 지구적 협력체계 구축도 필요하다. 선진국이 된 만성적 식량 수입국 대한민국이 이를 선도해야 한다.

안전한 식품은 그냥 만들어지지 않는다

소비자들은 안전한 먹거리를 원한다. 그러나 이를 보장받기 위해서는 안전한 식품에 대한 관심과 이해, 철학적 가치의 공유가 전제되어야 한다.

〈한국농식품정책학회〉는 학문 후속 세대를 양성하고, 농업경제학 전공 대학생들에게 만남의 장을 제공하기 위해 2012년부터 논문경진대회를 개최하고 있다. 나 역시 매년 학생들을 지도해 이 대회에 출전시켜 왔고, 2022년 출전팀이 우수상을 받은 바 있다. 이 팀의 연구주제는 한국인이 가장 좋아하는 육류인 삼겹살에 부착된 여러 인증에 대해 소비자가 그 가치를 어떻게 평가하며, 이를 바탕으로 축산 농가 입장에서 각 인증을 취득하는 것이 경제적으로 얼마나 합리적인지를 실증 분석하는 것이었다.

연구는 전국 199명의 주부를 대상으로 해썹 HACCP: Hazard Analysis Critical Control Point, 무항생제, 동물복지, 그리고 한돈 마크에 대한 인지도와 신뢰도, 지불의사 willingness-to-pay를 분석하였다.* 분석결

* 해썹은 식품의 원재료 생산에서부터 최종 소비 직전까지 각 단계에서 위해요소가 해당 식품에 혼입되거나 오염되는 것을 방지하는 위생 관리 시스템이다. 지불의사는 소비자가 재화나 서비스에 기꺼이 지불할 수 있는 최소한의 가격이다.

과 응답자의 66.8%만이 인증마크를 신뢰하며, 구매 시 인증마크를 고려하는 응답자는 52%에 지나지 않았다. 삼겹살의 위생과 안전을 공식적으로 인정하는 해썹과 무항생제 인증마크는 비교적 중요시 되었으나, 동물복지는 기의 가치를 인정받지 못하고 있었다. 흥미롭게도 국산 돼지고기에 비차별적으로 부착되는 한돈 마크는 해썹과 유사한, 그러나 무항생제 인증의 2배나 높은 가치를 부여받고 있었다.

그런데 이런 소비자 가치는 인증마크에 대한 정보가 충분히 제공되지 않은 결과이기도 했다. 각 인증마크에 대한 정보를 추가로 제공한 후 다시 분석한 결과, 각 인증에 대한 지불 의사는 크게 상승했다. 그러나 한돈 마크에 대해서는 유의한 변화를 보이지 않았다. 이런 변화는 소비자들이 인증에 대해 충분히 알지 못하고 있으며, 소비자에 대한 교육, 홍보가 인증의 본질적 가치를 구현하는데 중요함을 시사한다.

이 연구의 또 다른 흥미로운 부분은 각 인증을 취득하는데 소요되는 비용이다. 동물복지 생산을 하는 경우, 가격의 40%가 넘는 추가 비용이 소요되는 것으로 나타났다. 이 비용은 무항생제 인증의 10배, 해썹의 100배, 한돈 마크의 1300배 이상 높은 것이다. 수익성만을 고려하면 동물복지 생산이 합리적이지 않음을 의미한다. 이는 대부분 동물복지 농장이 자연과 동물, 인간에 대한 철학적 가치를 추구하는 것을 의미한다.

연전에 살충제 계란 파동을 겪으면서 동물복지 제품에 대한 관심이 높아졌다. 동물복지 계란은 일반란에 비해 5배 이상 비싸지만, 그 파동을 겪으면서 가격이 30% 이상 상승했다. 이는 동물복지 생산에 대한 소비자의 관심과 지불 의사가 그만큼 높아졌음을 의미한다. 그럼에도 불구하고 동물복지 생산이 소비자 수요를 반영해 갑자기 늘어날 수 없다. 높은 생산비와 노력을 보상하기에 충분한 가격을 꾸준히 지불할 소비자가 존재하지 않는 한 철학적 가치만으로 동물복지 생산으로 전환하기 어렵기 때문이다. 이는 동물복지 제품에 한정되는 것이 아니라, 유기농산물 등 친환경인증 농산물에도 적용된다.

소비자들은 안전한 먹거리를 원한다. 그러나 이를 보장받기 위해서는 안전한 식품에 대한 관심과 이해, 철학적 가치의 공유가 동반되어야 한다.

식품구매권제도, 본격 도입하자

우리도 만성적 공급과잉으로 빈사 상태에 있는 농업의 지속 가능한 성장을 위해 국내산 농산물 소비를 확대하면서 사회적 약자 계층의 먹거리 인권과 건강한 사회생활을 지원하기 위해 식품구매권제도를 조속히, 전면적으로 도입하여야 한다. 이 제도는 최근 계층, 산업, 지역 간 격차가 더욱 심해지는 경제 전체의 균형적 성장과 사회적 안정을 유지할 수 있는 기틀이 될 것이다.

한국 농업이 WTO와 FTA 등 농산물 시장개방으로 인해 주요 농산물의 과잉생산 기조가 고착되어 상시적인 어려움에 봉착한 한편, 사회의 또 다른 곳에서는 굶주림과 영양실조, 사회적 무관심으로 고통받는 결식아동, 소년소녀가장, 독거노인, 극빈 가정들이 있다. 국가 전체적으로는 필요한 식량 조달에 큰 어려움이 없지만, 개별 가구별로는 식량안보가 취약한 계층이 여전히 존재하고 있다. 취약 가구의 식량안보 문제는 최근의 경제침체와 세계화에 따른 신자유주의 추세 등으로 더욱 심화하고 있다.

가구 식량안보 문제를 해결하기 위해 정부가 앞장서서 체계적이고 효과적인 사회안전망 도입을 서둘러야 한다. 먹는 문제가 해결되지 않으면 인간으로서 최소한의 존엄성도 지킬 수 없다. 생존과 먹거리 주권을 위협받는 소외계층에 대한 체계적이고 장기적인 대안으로서 식품구매권제도 Food Stamp Program의 도입이 전면적으로 이루어져야 한다.

식품구매권제도는 미국이 1930년대 세계 대공황 기간 급속히 증가한 극빈 가정과 특히, 식품에 대한 접근력이 취약한 아동에게 최소한의 먹거리와 영양을 공급하는 한편, 파산 위기에 처한 농민을 보호하기 위해 도입하였다. 이 제도는 지난 90년간 미국의 사회복지와 농업보호를 동시에 수행하는 가장 성공적인 정책으로 평가받고 있다. 이는 소득수준이 경제적 한계인 빈곤선 Poverty Level에 이르지 못하는 저소득 계층에게 식품을 제공함으로써 인간적 존엄성을 유지할 수 있게 하고, 범죄를 예방할 뿐만 아니라, 결식아동들이 끊임없는 교육을 받을 수 있게 해 빈곤을 능동적으로 극복할 기회를 제공한다. 또 충분한 영양 제공으로 공공의료비를 절감하고, 사회 안정을 유지하는 등 다양한 효과를 목적으로 한다.

미국의 식품구매권제도는 그 운영이 각종 사회보장제도를 관장하는 〈보건복지부〉가 아니라 〈농무부〉의 예산으로 집행된다. 예산 규모는 여건에 따라 다르지만 농업 예산의 20%를 차지해 농무부의 가장 중요한 사업이다. 이는 식품구매권제도가 농업 정책적 성격이 강하다는 것을 의미한다. 미국이 이 정책을 처음 도입할 당시부터 구매대상에서 가공농산물을 제외하고, 미국산 식료품으로 한정한 것도 이를 분명히 하고 있다.

미국 식품구매권제도가 수혜자들의 먹거리 인권을 보장한다는 기본 목적 외에도 저소득층의 식량 접근성을 높이고, 영양 상태를 개선해 국민 건강증진과 의료비용 절감, 범죄 예방, 거시경제 및 지역경제 성장 촉진 등 실질적인 경제, 사회적 효과를 얻은 것으로 평가되고 있다. 미국 농무부는 이 제도에 투입된 1달러가 1.84달러의 경제적 편익을 창출하는 것으로 추정하고 있다.

우리도 빈사 상태에 있는 농업의 지속 가능한 성장과 사회적 약자의 먹거리 인권, 건강한 사회를 만들기 위해 식품구매권제도를 전면적으로 도입해야 한다.* 이 제도는 계층, 산업, 지역 간 균형 성장과 사회적 안정을 유지할 수 있는 기틀이 될 것이다.

한국형 식품구매권제도의 도입을 위해서는 해당 제도의 궁극적 목적과 이를 효과적이고 효율적으로 실행할 수 있는 설계, 제도운영에 필요한 예산 규모의 산정, 그리고 효과적인 예산 조달 방안이 모색되어야 한다. 이를 위해 수혜자 선정기준과 가구당 지원 규모, 지원 방식 등이 세밀하게 디자인되어야 한다.

---

* 우리도 2020년부터 5년간의 시범사업 끝에 2025년 한국판 식품구매권제도인 농식품바우처제도가 정식으로 도입되었다. 농식품부의 정책 중 가장 잘한 일로 평가한다. 그러나 수혜대상과 지원규모 등에 있어 보다 효과적인 제도로 보완될 필요가 있다.

캘리포니아에서 먹는 칼로스

우여곡절 끝에 칼로스가 수입되었으나, 막상 국내 입찰 결과는 예상외로 저조하였다. 국내시장에 유통된 칼로스를 시식해 보니 "에계!" 하는 안심 어린 반응과, "무슨 흑막이?" 하는 의문이 일만큼 칼로스의 밥맛이 기대 이하였다고 전해진다. 이를 두고 일부에서는 국영무역을 통한 수입과정에 의혹의 눈길을 보내기도 하고, 실제로 미국은 수입절차나 입찰과정 등에 이의를 제기하며 개선을 요구했다. 그러나 내가 직접 본토인 캘리포니아에서 먹어 본 소감은 국내에서 의심받던 칼로스의 밥맛에 "이유 있음" 이었다.

2004년 UR의 후속 협상 결과 쌀 시장이 추가 개방되면서 소비자가 직접 소비할 수 있는 식탁용 쌀이 정식으로 수입되었다. 이에 따라 미국이나 중국, 호주, 태국산 쌀이 국내 식탁에 오를 수 있게 되면서 소비자들이 수입쌀에 어떤 반응을 보이고, 이들이 국내 식탁을 어느 정도 점령하게 될지가 초미의 관심사가 되었다. 특히 밥맛이 좋기로 유명한 '캘리포니아의 장미', 칼로스 Calrose의 등장에 국내 농민들은 긴장하였고, 일부 농민단체는 칼로스 수입을 저지하기 위해 항구봉쇄 등 항의를 감행했다.

이렇게 우여곡절 끝에 칼로스가 수입되었으나, 막상 국내 입찰 결과는 예상외로 저조하였다. 국내시장에 유통된 칼로스를 시식해 보니 "에계!" 하는 안심 어린 반응과, "무슨 흑막이?" 하는 의문이 일만큼 칼로스의 밥맛이 기대 이하였다고 전해진다. 이를 두고 일부에서는 국영무역을 통한 수입과정에 의혹의 눈길을 보내기도 하고, 실제로 미국은 수입절차나 입찰과정 등에 이의를 제기하며 개선을 요구했다. 그러나 내가 직접 본토인 캘리포니아에서 먹어 본 소감은 국내에서 의심받던 칼로스의 밥맛에 "이유 있음"이었다.

나는 2006년 연구년을 맞아 캘리포니아 주립대학에 체류하면서 직접 쌀을 사서 밥을 하고, 도시락을 싸는 주부 아빠였던 적이 있다. 농업경제학자로서 내 관심은 당연히 캘리포니아 쌀의 품질이었다. 내 경험을 요약하면 우리가 막연히 두려워하던 칼로스가 국산 쌀보다 우수하지 않다는 것이었다.

내가 거주하던 대학도시에는 여러 대형 슈퍼마켓과 함께 조그만 한인 마트가 있었다. 대형 슈퍼마켓에도 우리가 먹는 중립종을 비롯한 여러 종류의 쌀이 있었지만, 대부분 저렴한 가격에 중간 정도 품질의 쌀을 판매하고 있었다. 그러나 주로 아시아 계통 소비자와 한국이나 일본의 밥맛을 경험한 미국인을 대상으로 하는 한인 마트에서는 다양한 품질의 쌀을 취급하고 있었다. 그중 내가 10년간 미국에서 유학하면서 먹었던, 정말 좋은 미국 쌀로 각인되어 있던 〈국보 Kokuho Rose〉를 비롯해, 씻어나온 쌀(무세미無洗米), 완전미 등 고급 쌀이 있었다. 작은 규모의 가게지만 많은 고객과 그 가게에서 직접 만드는 김밥과 캘리포니아 롤 등으로 쌀의 유통회전율은 매우 높은 편이었고, 매주 새로 도정된 쌀이 판매되고 있었다.

내가 과거 경험에 따라 제일 먼저 집어 든 쌀은 〈국보〉였다. 통일벼를 먹던 시절에 미국 유학 가서 처음 접한 〈국보〉는 쌀과 밥에 대한 나의 인식을 단번에 바꿔 놓았다. 〈국보〉의 소매가격은 5파운드(2.25kg)짜리가 3.99달러로 그 가게에서는 별로 비싸지 않은 쌀이었다.* 그러나 시식해 본 결과, 내가 기억하던 맛이 아니었다. 밥맛과 향취도 그렇지만, 밥을 해놓고 20분 정도 지나면 퍼지기 시작했다. 혹시 그 쌀만 유통 과정에 문제가 있지 않았을까 하여 다음에도 같은 브랜드를 골랐으나, 여전히 실망스러웠다. 그때는 우기의 1월이었고, 날씨와 저장기술을 고려하더라도 그랬다. 쌀을 자세히 보니 싸라기나 깨진 쌀, 변색 쌀 등이 눈에 거슬릴 정도로 보였다.

그 다음번에는 같은 가격의 〈금錦, Nishiki〉을 골랐다. 주로 일본식 초밥을 만드는 재료로 사용한다는 그 쌀도 여전히 내 입맛을 충족시키기에는 부족했다. 이제 칼로스에 대해 가지고 있던 과거의 호감은 어느덧 궁금증으로 바뀌었다. 미국 쌀의 품질이 과연 실제로 별로인지, 아니면 아직 제대로 된 미국 쌀을 먹지 못한 것인지.

다음에는 가게 주인의 추천을 받아 그 집에서 가장 좋다는 〈아키타오토메 Akitaotome〉를 골랐다. '최고급단립정미'와 '빨리 씻은 쌀輕洗米, quick rinse rice'이라는 설명이 붙은 이 쌀은 레이언 지紙 포장에 세련된 디자인을 하고 있었으며, 가격은 〈국보〉에 비해 훨씬 비싼

---

* 20년 전 가격으로, 최근 높아진 물가수준을 고려하면 곱하기 3 정도 해야 한다.

5파운드당 5.99달러였다. 그러나 맛이나 식감이 〈국보〉에 비해 월등하다고 느껴지지 않았다. 약간 낫다는 정도의 평가 이상을 주기 어려웠다.

마지막으로 선택한 쌀은 캘리포니아 고시히카리 단립종으로 '한정계약농가직송'이라는 설명이 붙은 〈전목미田牧米, Tamaki Gold〉였다. 질소 세척해 은박지로 진공 포장한 이 쌀도 5파운드당 5.99달러에 팔리고 있었다. 〈전목미〉는 내가 캘리포니아에서 먹어 본 중 가장 좋은 쌀이었다. 밥의 냄새도 좋고, 식감도 훌륭했다. 맛도 있었다. 여러 번의 시도 끝에 드디어 캘리포니아 칼로스를 만났다. 그런데 이 쌀이 내가 한국에서 먹어보던 좋은 쌀에 비해 대단히 우수하다는 평점을 주기 어려웠다. 내가 농장장을 하면서 생산하던 고려대 농장의 〈자운영 쌀〉에 비하면 거의 비슷하거나 약간 처지는 느낌을 받았다.* 종합하면 국내에서 먹던 최고급 쌀들은 결코 칼로스에 뒤지지 않을 뿐 아니라, 오히려 더 우수한 제품도 있었다.

나는 식품과학자나 전문적인 식미 감정가가 아니라서 밥맛에 대한 과학적인 평가를 하지 못한다. 다만 오래된 소비자로서, 쌀에 대한 지속적인 관심과 연구를 통해 얻은 지식을 바탕으로 한 평가에 의하면 한국에 수입된 칼로스에 대한 저조한 평가가 단지 수입절차 상의 문제가 아니었다. 칼로스의 품질과 맛이 한국시장을 강타할 만한 것이 아니었다.

---

* 나는 덕소에 위치한 고려대학교 농장에서 생산된 쌀을 소포장 단위로 브랜드화한 〈고대농장 자운영 쌀〉과 〈고대농장 참기름〉을 성공적으로 마케팅한 경험이 있다.

미국산 쌀 수입에 대해 막연한 두려움이나 기대를 가질 필요가 없다. 품질도 우리 쌀에 비해 우수하지 않을 뿐 아니라, 가격도 싸지 않다. 내가 경험한 최고급 쌀 〈전목미〉를 80킬로로 환산하면 소매가격으로 213달러, 우리 돈으로 환산하면 30만 원에 달하는 비싼 쌀이다. 그러나 칼로스의 잠재력을 무시해서도 안 될 것이다. 품종개발과 시설투자를 통한 품질향상의 여지가 얼마든지 있다고 본다. 과거 그렇게 맛있었던 칼로스의 품질이 시간이 지나면서 나빠졌을 리 없다. 다만 수입에 대비한 국내 쌀 품질이 전방위적인 노력으로 월등하게 좋아졌기 때문에 칼로스의 품질이 상대적으로 불만스럽게 느껴졌을 것이다.*

한국 쌀 시장은 품질을 향한 무한 경쟁 시대에 들어서 있다. 우리 시장을 지키기 위해서는 최고의 품질을 추구하는 부단한 노력이 있어야 할 것이다. 그렇지 않다면 언제 우리 소비자들로부터 외면당할지 모를 일이다. 칼로스로부터의 교훈이다.

---

* 2024년부터 치솟기 시작한 일본 쌀 가격 고공행진이 2년 넘게 진행하면서 일본 식량안보에 대동아전쟁大東亞戰爭 이후 처음으로 빨간 불이 켜졌다. 일본은 그 대책으로 한국 쌀을 수입하면서 자연스럽게 일본 소비자의 한국 쌀에 대한 평가가 이루어졌다. 일본 소비자들이 한국 쌀의 우수성에 감탄한다는 보도가 있었다.

일본 오염수 방류와 광우병 사태

광우병 사태는 단지 미국산 소고기의 안전에 관한 문제가 아니다. 국민을 무지한 백성쯤으로 여기는 정부의 일방적이고 오만한 태도가 빚은 소통 실패로 인한 사태다. 소비자는 건강에 아무런 문제없는 구제역이나 조류독감이 유행한다는 소문 만으로도 구매를 자제하고 소비를 줄인다. 일본 오염수 방류가 시작되기도 전에 수산물 소비가 감소하는 것은 국민의 과학적 소양과 상관없다. 식품 안전에 대한 소비자 생각이 그런 것이다.

2011년 후쿠시마 근해에서 발생한 쓰나미가 원자력 발전소를 붕괴시키면서 문제가 시작되었다. 일본의 주요 농업지대인 후쿠시마 지역이 방사능에 오염돼 불모의 땅이 되었고, 아직도 오염된 물이 계속 쌓이면서 처리 문제를 두고 국내외적 분쟁을 일으키고 있다. 그런데 일본 정부는 2023년 여름부터 후쿠시마 앞바다에 오염수를 방류하면서 한국에도 정치적 이슈로 떠올랐다. 일본이 오염된 물을 자국 영토에서 처리하지 않고 후쿠시마 앞바다에 방류하는 이유는 비용 때문이다. 영리기업인 동경전력의 손실을 일본 정부가 앞장서 대책 마련하는 것까지는 백번 양보할 수 있다. 그러나 한국 수산업과 식품 안전에 엄청난 피해를 가져올 오염수 방류를 우리 정부가 허용한 것은 전혀 다른 사안이다.

그 무렵 일본을 방문한 당시 대통령은 일본의 요청에 대한민국 국민을 설득하겠다고 화답했다고 한다.* 방류될 오염수가 해양생태계와 어류에 어떤 영향을 미칠지 과학적, 객관적 검증이 이루어지기 전 일이다. 한국 정부는 시찰단을 보내 오염수 처리시설과 방류 방식을 관찰하게 했다. 물론 일본 측이 제공한 장소와 시설에 한정된 시찰이었다. 대다수 국민은 우리 정부의 이런 일방적 접근방식에 심각한 우려를 표했으나, 정부는 막무가내였다.

당시 여당은 영국 교수를 초청해 일본에서 처리한 오염수가 마실 수 있을 만큼 안전하다고 주장하는 퍼포먼스를 벌였고, 오염수 방류에 대한 우려를 광우병 사태의 재판再版으로 몰아갔다. 우여곡절 끝에 수입이 허용된 미국산 소고기에서 우려한 광우병이 발생하지 않자 이를 반대하던 국민을 과학을 도외시하는 미신적 광신도쯤으로 몰아붙이면서 일본 오염수에 대해서도 자신감을 보였다.

그러나 우리 정부는 광우병 사태에서 전혀 교훈을 얻지 못하는 것 같다. 유럽과 미국에서 발생한 광우병에도 불구하고 미국산 소고기를 수입하기로 하면서 시작된 광우병 사태는 엄청난 규모의 촛불 집회를 불러왔고, 막 정권을 잡은 이명박 정부에게 심각한 타격을 주었다. 소고기 수입이 정권을 위태롭게 할 정도로 소용돌이가 될 것을 예상한 사람은 아무도 없었을 것이다. 그러나 광우병 사태는 단지 미국산 소고기의 안전성에 관한 문제가 아니다.

---

* 윤석렬은 한국 대통령 중 일본인 선호도 86%로 역대 1위라는 보도가 있었다.

국민을 무지한 백성쯤으로 여기는 정부의 일방적이고 오만한 태도가 빚은 소통 실패로 인한 사태다. 소비자는 건강에 아무런 문제 없는 구제역이나 조류독감 Avian Influenza이 유행한다는 소문만으로도 구매를 자제하고 소비를 줄인다. 일본 오염수 방류가 시작되기도 전에 수산물 소비가 감소하는 것은 국민의 과학적 소양과 상관없다. 식품 안전에 대한 소비자 생각이 그런 것이다.

식품 안전 문제에 대한 정부의 불감증은 여전하다. 식품 안전은 단 1%의 가능성도 조심해야 하는 안전제일 safety-first 원칙을 적용해야 한다. 이는 식량안보에도 중요한 사안이다. 유엔식량농업국 UN Food and Agricultural Organization은 식량안보를 물리적 접근성뿐 아니라, 영양적으로도 균형 있는, 안전한 식품의 확보로 정의하고 있다. 식품 안전의 위기는 국가적 위기다. 이는 정부가 일방적으로 규정할 수 없는 국민의 헌법적 권리다. 대한민국 국민은 정부가 식량 주권을 바탕으로 식량안보를 지켜주기를 바란다. 이러한 기대가 어긋날 때 언제든 광우병 사태 이상의 저항에 직면하게 될 것이다.

금값 한우와 소고기 등급제

이런 등급제 변화가 한우 가격을 상승시킬 수 있을까? 내 생각은 반대다. 오히려 1^{++}등급의 범위를 확대해 공급을 늘리고 가격 하락을 유인할 것이다. 또 지방 이외 여러 속성의 중요도를 높임으로써 소고기 품질의 실질적 향상을 유도하고, 사육 기간을 줄여 가격 합리화에도 도움이 될 것이다.

코로나 사태가 한창 진행 중임에도 불구하고 한우 가격이 급등하자 격론 끝에 시행된 '보편적 긴급재난지원금'이 실제로 소비 진작 효과가 있다는 실증사례로 꼽히고 있다. 물론 코로나로 인해 미국 등으로부터 축산물 수입이 줄어든 영향도 있겠지만, 대체재인 미국산 소고기나 삼겹살에 비해 훨씬 두드러진 상승세를 보임으로써 한우의 인기를 증명해 보였다.

그런데 이 와중에 마장동 축산물시장에서 한우 가격의 급등을 막아야 한다고 도매상들이 시위를 벌였다는 뉴스가 보도된 바 있다(JTBC 뉴스 2020. 6. 8). 이들은 가격이 급등하면 소비가 줄 것이고, 결국 소비자와 유통업자 모두 피해를 본다는 것이다. 그런데 흥미로운 것은 한우 가격의 급등이 2019년 12월에 개정된 소고기 등급제 때문이라는 주장이다. 과연 소고기 등급제가 무엇이고, 어떻게 바뀌었길래 가격급등의 원인으로 비난받는 것일까?

상품의 품질이나 속성에 따라 등급을 나누고(등급화), 각 등급에 해당하는 표준을 정하는 것(표준화)은 거래 주체 간 정보 비대칭성을 완화해 합리적 가격과 거래비용 절감을 기능하게 한다. 이러한 등급화는 특히 품질과 크기 등 상품성의 변동이 심한 농산물 유통을 효율화시키는 핵심 유통조성기능이다.

그런데 소고기 등급제는 오랜 기간 논란의 대상이 되어 왔으며, 나도 소고기 등급제의 합리적 개정을 촉구한 바 있다("소고기 등급제도 개선, 소비자를 중심에 둬야" 농민신문 2016. 5. 11). 과거 근내筋內 지방도(마블링)를 중심으로 1⁺⁺부터 3등급까지 5개 등급으로 표시되던 소고기는 건강을 중시하는 소비자 선호를 반영하지 못하고, 사육 기간을 늘려 생산비만 높인다는 비판을 받아왔다. 이는 비싼 한우 가격과 낮은 국제 경쟁력의 원인으로도 지목되었다.

이에 축산물품질평가원은 1⁺⁺의 하한경계를 근내 지방도 8(지방함량 17%)에서 7(지방함량 15.6%)로, 1⁺는 근내 지방도 6(지방함량 13%)에서 5(지방함량 12.5%)로 확대하였다. 또 지방도 외 육색, 지방색, 조직감 등 각 속성의 최하위 결과를 최종 등급으로 하는 등급제 개정을 단행하였다. 최상 등급은 "1⁺⁺(7)"와 같이 근내 지방도를 병행해 표시하게 하였다.

그런데 이런 등급제 변화가 한우 가격을 상승시킬 수 있을까? 내 생각은 반대다. 오히려 1⁺⁺등급의 범위를 확대해 공급을 늘리고 가격 하락을 유인할 것이다. 또 지방 이외 여러 속성의 중요도를 높임으로써 소고기 품질의 실질적 향상을 유도하고 사육 기간을 줄여 가격 합리화에도 도움이 될 것이다.

그러나 1^{++}에 근내 지방도를 병기倂記해 같은 등급 내에서도 한우 품질이 다를 수 있다는 함의를 주어 등급제 개정의 취지를 살리지 못한 문제가 있다. 세계 어떤 나라도 등급의 세부내용을 표시하지 않는다. 이와 함께 등급 명칭을 여전히 1, 2, 3등급으로 표시케 하여 상품 간 서열을 매기고, 상품별 적정 사용을 유도하지 못하는 아쉬움도 있다. 이는 소고기 소비가 부위별, 요리별로 다양화되는 최근 추세를 반영하지 못한 것이다.

코로나 사태는 식품 소비와 유통에 엄청난 변화를 가져왔다. 온라인 거래가 대세가 되었고, 증강현실과 인공지능을 이용한 디지털 경매는 농산물 유통의 개념을 바꿀 것이다. 이에 대비한 합리적인 농산물 등급제도가 필요하다. 소비자 선호를 정확히 반영하고, 합리적 생산과 효율적 유통을 유인하는 방향으로의 개선이 요구된다.

한-EU 주세 분쟁이 쏘아 올린 공

이들 주장에 소주 애주가들은 어리둥절할 수밖에 없다. 소주가 위스키의 경쟁상대인데, 주세 때문에 위스키 가격이 비싸져서 소비자가 선택하지 않는다는 생각을 누가 할 수 있을까? 경제학에서는 어느 두 상품이 가격 측면에서 경쟁할 때 이를 대체재라고 부른다. 그리고 대체 정도를 수치로 표현하는데 이를 대체 탄력성이라 한다. 대체 탄력성이 클수록 한 상품의 가격이 오르면 다른 경쟁 상품으로 소비 전환이 많이 일어난다. 만약 한 상품의 가격변화에도 다른 상품으로 전환이 일어나지 않는다면 대체 탄력성은 0이다.

1998년 어느 날 EU European Union가 WTO를 통해 한국에 소송을 걸어왔다. 소주에는 35%의 낮은 주세를 부과하고, 위스키에는 100%의 높은 세금을 부과하는 것이 불공정하다는 것이다. 1995년 설립된 WTO의 핵심 운영원리는 두 가지다. 첫째는 〈최혜국 대우 원칙 Most Favored Nation Principle〉으로, 모든 수출국에 공共히 가장 낮은 수입 관세나 무역조건을 부과해야 한다는 것이다. 두 번째는 〈내국민 대우 원칙 National Treatment Principle〉으로, 어떤 수입품도 국산품과 차별된 대우를 받지 않는다는 것이다. EU의 주장은 우리가 〈내국민 대우 원칙〉을 위배했다는 것이다. 자기들이 수출하는 위스키나 우리 소주가 같은 증류주로 같은 시장을 두고 경쟁하는데, 위스키에 차별적으로 높은 주세를 부과해 손해를 입혔다는 것이다.

이들 주장에 소주 애주가들은 어리둥절할 수밖에 없다. 소주가 위스키의 경쟁상대인데, 주세 때문에 위스키 가격이 비싸져서 소비자가 선택하지 않는다는 생각을 누가 할 수 있을까? 경제학에서는 어느 두 상품이 가격 측면에서 경쟁할 때 이를 대체재代替財 substitute라고 부른다. 그리고 대체 정도를 수치로 표현하는데 이를 대체 탄력성 cross elasticity이라 한다. 대체 탄력성이 클수록 한 상품의 가격이 오르면 다른 경쟁 상품으로 소비 전환이 크게 일어난다. 만약 한 상품의 가격변화에도 다른 상품으로 전환이 전혀 일어나지 않는다면 대체 탄력성은 0이다. 나는 과연 위스키가 소주의 경쟁상대인지 검정하기 위해 대체 탄력성을 추정해 학술지에 발표한 바 있다. 결과는 "대체 탄력성이 0이라는 것을 통계적으로 부인할 수 없음"이다. 이런 애매해 보이는 표현은 경제학에서 통계 검정할 때 사용하는 방식이다. 쉽게 말하면 소주와 위스키는 같은 소비자를 두고 경쟁하지 않는다는 것이다.

소주 애주가들에게 이 결과는 지극히 당연하다. 극히 일부를 제외하고는 위스키 가격이 비싸서 소주를 마시는 사람은 거의 없다. 그러나 이들의 어이없는 주장이 WTO에서 받아들여졌다. 극히 예외적인 사례, 즉 일식집과 같은 고급 식당에서 그런 사례가 있을 수 있다며 그들의 손을 들어줬고, 우리에게 소주와 위스키 주세율酒稅率을 동일하게 조정하도록 요구했다.

그에 따라 이 문제의 쟁점은 위스키와 소주의 세율을 어떤 수준에서 같게 할 것인가와, 그동안 130%라는 높은 세율을 부과해 온 맥주에 대한 세율을 차제에 조정할 것인가 하는 것이었다. 정부는 최종적으로 소주와 위스키, 그리고 맥주 세율을 모두 72%로 조정했다.

그런데 정부 조정안이 어떤 기준에서 결정되었는지 이해하기 쉽지 않다. 우선 의무조항으로 WTO 결정사항을 받아들여야 하고, 세율조정에 따른 조세수입 변화도 고려했을 것이다. 또 세율 인상에 대한 해당 업계의 반발, 음주의 사회적 역기능을 고려해 독주에는 높은 세율을 부과하고, 순한 술에는 낮은 세율을 부과한다는 죄악세罪惡稅 논리도 반영되었을 것이다. 그러나 정작 주세율 조정의 당사자인 소주 업계와 위스키업계, 그리고 소비자 입장은 고려되지 않은 것 같다.

소주 업계는 심각한 매출감소로 산업 자체가 붕괴할 수 있다며 저지 운동을 전개했고, 소주의 주 소비자인 서민들은 가격 인상을 우려하며 반서민 정책이라고 반발했다. 음주의 사회적 역기능 측면에서 보더라도 정부의 조정안은 쉽게 납득할 수 없다. 정부는 독주인 소주가 너무 싸서 소주를 많이 마시고, 따라서 그 피해가 크기 때문에 소주 세율을 올려야 한다는 것이다. 일리가 있다. 그러나 이는 소비자 과음 원인을 저렴한 소주 가격에 두는 단견이며, 위스키가 소주보다 두 배 이상 독하다는 사실은 이 논리를 무력하게 한다. 더 중요한 것은 맥주도 술이라는 사실이다. 맥주도 많이 마시면 사회적 역기능을 발생시킨다.

한-EU 주세 분쟁 이후 국내 주류업계는 적지 않은 변화를 겪고 있다. 주세율 조정이 촉발한 변화 못지않게 막걸리와 와인 돌풍, 코로나 사태로 인한 위스키 약진 등 소비패턴 변화로 인한 술 소비시장의 격동기가 도래했다. 주세는 오랫동안 정부 세수의 핵심 축이었지만, 선진국 문턱에 선 대한민국의 주세 체계는 국민건강 차원에서 합리적으로 개선되어야 할 것이다.

PART Ⅲ

농업을 위한 세레나데

망해가는 농업, 손바닥으로 하늘을 가릴 수 없다.

농업을 살리는 길은 황당한 자화자찬이나 대책 없는 희망가를 부르기보다 농업의 불꽃이 꺼져가고 있음을 인정하는 것부터 시작되어야 한다. 농산물 수출보다 수입이 더 많아져 국내 농업이 더 어려워졌음을 시인해야 한다. 그리하여 식량안보와 지역균형 발전의 기둥인 농업에 대한 인식과 실질적 지원이 이루어져야 한다. 이 간단해 보이는 과정이 왜 그리 어려운가? 이는 정의와 국가통치 철학에 해당하는 문제이기도 하다.

한국 농업은 어렵다. 더 직설적으로 표현하면 망해가고 있다고 할 수 있다. 농산물 수출 100억 불이라는 장밋빛 전망이나 정부가 설립한 농업대학 졸업생 평균 소득이 도시 가구보다 높다는 자화자찬도 농업이 망해가는 현실을 가릴 수는 없다. 통계에 의하면 2022년 농업소득이 1000만 원을 밑돌았으며, 도농소득 격차가 2002년 72%에서 59%로 하락했다. 농업에 종사하는 것이, 여전히 만만하지 않은 도시 가구에 비해서도 훨씬 더 어렵다면, 망해가는 것이 틀림없다. 수년째 빚과 절망을 이기지 못해 자살하는 농민이 한해 1000명이 넘는다. 하루 3명, 이는 OECD 국가 중 가장 자살률이 높다는 한국 평균의 두 배에 해당한다.

동서고금을 막론하고 농업이 어려운 근본적인 원인은 경쟁에 있다. 원래 농업은 완전경쟁적이다. 수많은 농민이 비슷비슷한 농산물을 생산한다. 가격이 좋으면 누구나 생산을 늘린다. 모든 농민이 그렇게 하면 다음 해에는 반드시 가격이 폭락한다는 경험법칙도 이를 막지 못한다. 농민의 수는 너무 많고 의견을 모으기 어렵기 때문이다. 이런 농업에 느닷없이 닥친 시장개방 열풍은 경쟁의 끝없는 확산을 가져왔다. 그것도 세계에서 가장 경쟁력 있는 농가들과의 경쟁이다.

한국 농업이 본격적으로 어려워진 것은 WTO에 의해 시장이 본격적으로 개방된 1995년 이후다. 생산물과 투입재 가격의 차이는 더 벌어지고, 농산물가격의 변동성은 급격하게 커졌다. 1996년에는 국내 유통시장이 개방되어 외국의 대형마트가 진출했고, 국내 유통업자들은 규모화와 외주를 통해 대응하였다. 엄청난 자본과 정보력으로 무장한 대형유통업체 간 싸움은 농산물 유통질서를 일시에 흔들어 놓았고, 그 틈바구니에서 힘없는 농민의 새우같이 꼬부라진 등이 터질 수밖에 없었다. 1997년의 IMF 사태는 국내 자본시장의 전면개방을 가져왔고, 금융과 종자 등 투입재 산업이 외국자본에 예속되어 국내 농업을 더 힘들게 했다.

한국은 2004년 한-칠레 FTA를 필두로 세계 모든 주요국과 자유무역협정 FTA을 체결하였다. WTO보다 더 치명적 개방을 요구하는 FTA를 효과도 검증되지 않은 농업경쟁력 강화로 대처할 수 있다는 자신감으로 밀어붙였다. 소득은 당장 감소하는데 부채가 될 생산이나 유통시설 지원이 대책이 될 수 있다고 믿었다면 우리 농업을 너무 과대평가한 것이었다. 장기간에 걸친 FTA 개방은 가랑비에 해당한다. 서서히 끓는 냄비에 든 농업의 운명은 명약관화하다.

향후 우리 농업은 소수의 선도 농가와 취미농을 제외하고는 거의 살아남지 못할 것이다. 평균적인 농가가 그런 소득을 견딜 수 없기 때문이다. 농업계의 거센 반발에도 불구하고 한미 FTA에 이어 더욱 가공할 한중 FTA도 체결되었다. 경제가 어려워지면서 한중 FTA는 불가피한 선택으로 포장되었다. 경제 전체를 위한 농업의 희생이 언제까지 요구되어야 할까? 농업의 회생을 위해 반도체나 자동차산업이 더 분발할 순 없을까? 이런 조율을 하는 것이 정치의 역할일 것이다. 우리는 언제 제대로 된 정치를 볼 수 있을까?

농업을 살리는 길은 황당한 자화자찬이나 대책 없는 희망가를 부르기보다 농업의 불꽃이 꺼져가고 있음을 인정하는 것부터 시작되어야 한다. 농산물 수출보다 수입이 더 많아 국내 농업이 더 어려워졌음을 시인해야 한다. 그리하여 식량안보와 지역균형발전의 기둥인 농업에 대한 인식 제고와 실질적 지원이 이루어져야 한다. 이 간단해 보이는 과정이 왜 그리 어려운가? 이는 정의와 국가통치 철학에 해당하는 문제이기도 하다.

농산물 수출 1위, 미국 농민은 과연 잘 살까?

미국 농민도 한국 농민이 겪는 것과 비슷한 어려움을 겪고 있으며, 미국 농촌도 한국 농촌과 같은 여러 고통을 안고 있다. 양극화와 가중되는 경쟁, 가격교섭력 약화와 비용 절감 압박, 정부 의존도 심화와 비농업 부문의 견제 등이 그것이다. 그 결과 열악한 주거환경과 해체되어 가는 지역공동체, 교육, 의료 시스템의 부재와 문화의 공동화 등이 나타난다. 잘 사는 모습이라고 보기 어렵지 않을까?

미국 농업은 세계 최대 식량 공급원이다. 수출농업을 지향하는 미국 농업은 곡물 수입시장의 빗장을 풀고자 UR 농업협상을 주도하였고, 자국 농업의 경쟁력을 높이기 위해 수단과 방법을 가리지 않는 다양한 정책을 운용하고 있다. 그러나 세계에서 가장 경쟁력이 높고(정부 정책을 포함할 경우), 국제 농산물시장에서 가장 커다란 영향력을 가지는 미국 농업도 낮은 가격탄력성, 극심한 경쟁, 그리고 불과 몇 년 앞을 예측하기 어려운 불확실성으로 고통받고 있는 것이 사실이다.

미국 농민은 잘 살까? 모 언론사로부터 사뭇 도전적이면서도 흥미로운 이 질문을 받은 내 첫 반응은 "글쎄요"였다. 한 번도 이런 당연한 듯한 질문을 접해 본 적이 없기 때문이다. 그러나 한번 찬찬히 따져볼 가치는 있다.

사례 하나. 장소는 미국 캘리포니아 주의 한 자동차 대리점. 연구년 중에 필요한 자동차를 구입하기 위해 대리점에 들른 내가 한국에서 온 농업경제학자라는 것을 들은 영업사원이 들려준 얘기는 "미국 농민들은 잘 산다"는 것이다. 그날 아침에 쌀농사를 짓는 농민이 멋진 일제 지프를 현금 주고 사갔다는 것이다. 물론 미국 농가 수입의 대부분이 정부 보조금에서 나온다는 것은 모르고 하는 얘기다. 캘리포니아 쌀 농가의 소득에서 차지하는 정부의 각종 보조금은 50%를 넘는다. 특히 규모가 큰 농장의 경우 한 해 수십만 달러의 보조를 받는 경우도 있다. 미국의 상위 1% 농가는 평균 2백만 달러의 자산으로 20만 달러의 연 소득을 얻는데, 이 중 정부 보조금이 15만 달러를 차지하는 것으로 보고되고 있다.* 그러면 다른 농가의 경우는 어떨까?

이 질문에 대한 답은 그리 간단하지 않다. 미국 농가의 구조가 매우 복잡다기하기 때문이다. 우선 미국 농가의 평균 소득은 2000년 6만 2천 달러에서 2005년에 8만 1천 달러로 껑충 증가했으며, 일반 가구에 비해 45% 더 많이 벌고 있다. 자산 규모도 농가는 59만 달러인 반면, 비농가는 36만 달러에 지나지 않는다. 이 수치로만 본다면 미국 농민은 일반 가계에 비해 잘 산다고 볼 수 있다.

---

* 이 글은 2007년 오마이뉴스에 게재한 칼럼을 재구성한 것으로, 여기에 등장하는 숫자는 업데이트가 필요하지만, 맥락은 거의 변하지 않는다.

그러나 미국의 농가 구조를 자세히 해부해 보면 실상은 그리 간단하지 않다. 농가 소득 중 농업소득이 차지하는 비중은 2005년 19%에 지나지 않는다. 그것도 2000년의 5%에서 크게 상승한 수치이다. 이는 미국의 평균 농가는 농업으로 생계를 유지하지 않으며, 대부분 소득이 비농업 부문에서 나온다는 것을 의미한다. 즉, 미국 농가는 농업만으로 생계를 유지하기 어렵다.

실제로 미국 농가의 92%는 연 매출 25만 달러 이하의 소규모 가족농 small family farm으로 구성되어 있다. 이들은 다시 한계농(11%), 은퇴농(14%), 취미농(42%), 전업농(24%)으로 구분된다. 이 중 전업농을 제외하고는 농업이 생계에 크게 중요하지 않은 농가들이다. 미국 농가의 7%는 매출 규모가 25만 달러 이상인 대규모 가족농이며, 나머지 1%가 기업농 형태를 유지하고 있고, 이 두 부류가 전체 농업생산의 73%를 차지하고 있다.

다시 미국 농민은 잘 사는가라는 질문으로 돌아가 보자. 1989년 기업농의 경영수익은 12.8%에서 2003년 15.3%로 증가하였다. 대규모 가족농의 경우 같은 기간 18%에서 14.7% 감소했으나, 여전히 적지 않은 수익을 내고 있다. 반면 소규모 가족농은 1989년 -5.8%에서 2003년에는 무려 -28.5%의 적자를 내고 있다. 여기서 경영수익은 정부 보조금을 포함한다. 매출 규모가 연 17만 5천 달러 이하의 경우 경영수익이 마이너스를 기록하고 있으며, 17만 5천 달러를 넘어 커질수록 경영수익이 증가한다. 부익부 빈익빈이다.

종합하면, 미국 농가는 평균적으로는 잘 살지만, 이는 8% 정도의 대규모 농가에 의해 왜곡된 수치이며, 평균에 감춰진 모습을 해부해 보면 대부분 농가 소득이 마이너스 상태에 있다. 이런 사실은 미국 농촌 마을의 공동화空洞化 내지 유령화幽靈化에서도 잘 나타난다.

사례 둘. 필자가 1989년 박사학위를 받고 근무한 첫 직장은 미국 중부에 위치한 노스다코타 주립대학 North Dakota State University이다. 전형적 곡창지대인 노스다코타는 남한 면적의 3배에 해당하는 넓은 평원이지만 '평화로운 정원 Peace Garden State'이라는 별명답게 전체 인구가 63만 명을 약간 넘기고 있다. 이 인구는 제주도의 53만 명과 비견된다. 그런데 문제는 이 인구도 점차 줄어들고 있으며, 특히 농촌 지역의 인구 감소가 매우 두드러져 2005년 군 단위 지역의 인구 기반이 5000명에서 2020년 4000명으로 감소하였다.

농촌 지역의 인구 감소는 가족농의 해체와 젊은 층의 탈농촌, 향도시向都市 현상에 기인한다. 가족농 해체는 농업 수익성 감소로 인한 것이고, 젊은 층의 탈농은 주로 농촌 생활의 고립화에 기인한다. 한국에서와 마찬가지로 미국 농촌도 젊은 농부들이 가정을 이룰 상대를 찾는 것이 중요한 사회적 문제로 등장하고 있다.

농촌의 이런 인구 감소는 한국과 마찬가지로 매우 심각한 문제다. 미국 농촌 마을을 지나다 보면 거의 폐허가 된 유령마을을 어렵지 않게 만날 수 있다. 한때는 흥청거렸을 것 같은 마을 중심가에도 몇몇 노인들이 지나가는 차를 물끄러미 바라보는 것을 제외하고는 거의 인기척을 느낄 수 없다. 세계에서 1등 가는 농업을 가진 마을 모습이라고 믿기 어려운 광경이다.

인구 감소는 지역경제의 위축과 공동체 사회의 기능 단절로 이어지며, 이는 다시 인구 감소로 연결되는 악순환의 고리를 형성한다. 작은 학교에서 교사 한 명이 여러 학년의 학생을 가르치는 미국의 모습을 상상할 수 있을까? 그러나 이는 미국 농촌의 아픈 현실이다. 미국이 엄청난 농업예산을 퍼부어 지키고자 하는 농촌의 실상이다. 미국 농민이 잘 사는가라는 질문에 대한 답은 아직 유보적이다. 그러나 더 중요한 질문은 미국 농업의 문제가 무엇에 기인하는가에 있다.

"규모와 독점이 경제적 힘을 높일 수 있지만, 그것을 낮출 수 있는 것이 있다. 그것은 바로 경쟁이다. 우리 식품체계의 모든 부문에서 농민들은 경쟁이 가장 심한 그룹으로 알려져 있다. 거대 농기업이 주도하는 세계에서 그런 경쟁은 농가 소득을 낮추는 역할을 한다. 왜 농민들은 일시적으로 오직 소수에게만 이익이 되고, 장기적으로 모두에게 해가 되는 기술을 도입하기 위해 애를 쓸까? 경쟁 때문이다. 왜 농민들은 농산물가격이 낮아짐에도 불구하고 최대한 생산을 많이 하려고 할까? 그에 대한 해답도 경쟁에 있다. 왜 농민들은 그들의 이윤을 지주나 거대한 농기업에게 빼앗길 수밖에 없는 낮은 경제적 힘을 가지고 있는 것일까? 그 해답도 역시 경쟁에 있다."

이 글은 미국 농가의 소득문제가 소수의 대규모 가공업체나 종자회사, 유통업자 등 거대 농기업에 비해 열악한 시장교섭력 때문이라고 진단하고, 이에 대한 해법으로 농민들의 집단적 행동을 촉구한 미네소타 대학의 레빈스 교수의 처방이다. 카길(무역)과 몬산토(종자와 비료), 타이슨(축산가공), 월마트(소매유통) 등으로 대표되는 미국의 다국적 거대 농기업들이 욱일승천하는 동안, 미국 농민은 그에 반비례해 쪼그라들고 있다. 가격 결정은 시장이 아니라 계약에 의해 이루어지고, 계통출하가 아니면 판매할 시장조차 찾기 어려워지는 상황이 심화되고 있다. 오죽하면 미국 농무부에서는 모든 축산물 거래를 의무적으로 신고하는 제도를 도입했을까.

농민 간 경쟁은 NAFTA와 같은 자유무역협정과 WTO와 같은 다자간 협상이 진행되면서 이제 전 세계적으로 펼쳐지고 있다. 미국 농민 간 경쟁이 국경을 넘어 전 세계 농민과 경쟁하는 상황이 되었다. 채소 농가는 멕시코 농가, 과일 농가는 칠레 농가, 면화 농가는 브라질 농가와 경쟁한다. 밀 농가는 호주나 캐나다 농가와 전쟁을 벌여야 하고, 옥수수 농가는 중국이나 아르헨티나 농가와 혈투를 벌이고 있다. 이런 경쟁에서 살아남기 위해서 신기술을 도입하고 규모를 늘리고, 합병하거나, 정부에 더욱 의존하지 않을 수 없다.

이런 과정에서 미국의 전통적인 소규모 가족농은 더욱 어려운 상황에 내몰리고, 빠른 속도로 해체되어 가고 있다. 시애틀의 DDA 협상장 앞에 모여 WTO를 반대하는 미국 농민의 모습은 전혀 생뚱맞은 얘기가 아니다. 미국 농업의 양극화는 무역자유화와 함께 빠르게 전개되고, 이에 따라 잘사는 농가 수도 감소할 것이다.

이제 다시 돌아가서, 미국 농민들은 잘 사는가 하는 질문에 "대부분 농가는 그렇지 않다"라고 대답할 수 있을 것 같다. 미국 농민도 한국 농민이 겪는 것과 비슷한 어려움을 겪고 있으며, 미국 농촌도 한국 농촌과 같은 고통을 안고 있다. 양극화와 가중되는 경쟁, 가격교섭력의 약화와 비용 절감의 압박, 정부 의존도 심화와 비농업 부문 견제 등이 그것이다. 그 결과는 열악한 주거환경과 해체되는 지역공동체, 교육, 의료 시스템의 부재와 문화의 공동화 등으로 나타난다. 잘 사는 모습이라고는 하기 어렵지 않을까? 농민도 잘 살고 싶다는 외침은 지구 공통의 화두인 듯하다. 그러나 신자유주의 세계화 아래서는 결코 이루어지기 어려운.

희망 고문 : 사람은 가고, 고통은 남는다

한국 농업은 지도자 복이 없는 편이다. 역대 대통령이나 농식품부장관 중 취임 당시의 장밋빛 공약을 지킨 사람이 거의 없기 때문이다. 그 많은 약속 중 일부만이라도 지켜졌다면 오늘날 우리 농업이 이렇게 절망스럽지 않았을 것이다. 흔히 지키지도 못할 장밋빛 약속을 희망 고문이라고 한다. 수출실적 부풀리기도 희망 고문의 하나다. 농업과 연계되지 않은 수출은 농업에 오히려 독이 된다.

한국 농업은 지도자 복이 없는 편이다. 역대 대통령이나 농식품부장관 중 취임 당시의 장밋빛 공약을 지킨 사람이 거의 없기 때문이다. 그 많은 약속 중 일부만이라도 지켜졌다면 오늘날 우리 농업이 이렇게 절망스럽지 않았을 것이다. 흔히 지키지도 못할 장밋빛 약속을 희망 고문이라고 한다. 수출실적 부풀리기도 희망 고문의 하나다. 농업과 연계되지 않은 수출은 농업에 오히려 독이 될 수 있다. FTA 시장개방을 위기가 아니라 기회로 활용할 수 있다는 큰소리도 여기에 해당한다. 답답한 일이 아닐 수 없다.

"선거철이 온 것 같습니다. 선거철만 되면 농업도 세상 모든 것이 해결될 듯이 말의 잔치가 번성합니다. 부질없이 지키지 못할 약속하지 않겠습니다. 그러나 약속한 것은 반드시 지킬 것입니다." 이는 2007년 대선 당시 한나라당 이명박 후보의 다짐이었다. 그의 농정목표는 농업인 소득안정과 경쟁력 있는 농축산업 육성이었다. 구체적으로는 〈농어민소득보전특별법〉을 제정하고, 전체 인구의 20%를 농촌인구로 유지하며, 농가 부채 악순환 고리를 단절하는 정책을 마련하는 것이었다. 그러나 그는 광우병 사태를 겪으면서도 미국 소고기 수입을 추진하였고, 한중 FTA의 발판을 놓고 퇴임하였다. 뉴질랜드에 가서는 한국의 농업보조금이 너무 많아 경쟁력을 상실하니 보조금을 줄여야 한다는 발언으로 농심農心을 흔들어 놓았다.

뒤이어 들어선 정부도 크게 다르지 않았다. 그들의 정책도 자주 듣던 것들이다. 농업 소득향상과 농촌복지 확대, 농업경쟁력 확보가 그것이다. 어김없이 하나로클럽을 찾은 대통령의 현장지도 일성은 여전히 유통단계 축소였다. 성의 없고 대책 없는 붕어빵 훈수에 맥이 빠지고 조마조마하다. 희망 고문과 정책 헛발질이 더 이상 없기를 바란다. 그런 허장성세가 당사자들에겐 멋있게 느껴질지 모르지만, 그 후유증과 고통은 농업과 농민에게 고스란히 남기 때문이다.

농촌을 살리는 농민 대통령을 고대한다

새 정부가 들어섰다. 농업을 회생시키기 위한 새 정부의 과제는 매우 막중하고도 지난해 보인다. 무엇보다 중요한 과제는 농업, 농촌을 위한 새로운 농정의 틀을 마련하는 것이다. 언젠가 이루어질 통일 한국의 식량문제와 지속 가능한 농업의 미래를 위한 마스터플랜이 필요하다.

대한민국의 향후 5년을 책임질 새 대통령이 선출됐다. 그러나 새 정부 하에서 농촌과 농민의 형편이 나아질지 의문이다. 이번 대통령 선거기간에도 여러 장밋빛 공약들이 제시됐지만 이를 믿는 농민들은 별로 없어 보인다. 대부분 헛공약이었다는 것을 경험으로 알기 때문이다. 한 농민단체가 주관한 대선 농정공약 발표회에 참여한 후보들이 당선 후 공약을 지킨다는 서명식을 한 우습고도 슬픈 사실이 그간 농정공약의 무게를 단적으로 보여준다.

이명박과 박근혜 정부 9년은 우리 농업에 있어 최악의 시기였다. 무성의하고 초라했던 대통령 후보 공약처럼 농업에 대한 애정이나 관심은 찾아볼 수 없었다. 농업예산은 축소되고, 6차 산업화와 창조농업 등 거창한 구호는 속 빈 강정에 지나지 않았다. 그러나 뒤이어 등장한 문재인 정부와 윤석렬 농정도 별로 달라진 건

없었다. 농업은 여전히 무시되고 소외되었다. 농업예산은 계속 쪼그라들고, 농업 현실은 더욱 피폐해졌다. '농민이 행복한 국민의 농업'을 약속했던 지난 정부 농정은 아마추어 정책 참모진과 폐쇄적 관료제의 상처만 남긴 채 내팽개쳐졌다.

과거 정부의 장밋빛 공약 속에서 우리 농업은 하향 일로를 걸어왔다. 농정의 결과는 소득으로 나타난다. 우리 농민은 아무리 열심히 농사지어도 월평균 100만 원에도 미치지 못하는 농업소득에 좌절하고 있다. 이렇게 저조한 농업소득은 정부 보조금에도 불구하고 농업 쇠퇴의 가장 직접적인 원인이 된다. 1년 동안 피땀 흘려 벌어들인 소득이 낮다는 것은 농민의 자존감을 해치고 청년 농업인의 유입에 결정적 장애가 된다. 농업소득을 높이기 위해 농지를 약탈적으로 경작할 수밖에 없고, 이는 생태환경이나 먹거리안전을 위협하는 주원인이 된다. 지속 가능한 농업을 위해서는 농업소득의 반전을 최우선 과제로 하는 농정이 되어야 한다.

1995년 WTO 체제 출범 이후 역대 정권은 우리 농업의 경쟁력을 높이기 위해 나름의 노력을 기울여왔다. 그러나 숫자적 목표를 세우고 그것을 채우기에만 여념 없는 농업정책은 실패할 수밖에 없었다. 농업소득은 끝없이 하락하고 농촌은 공동화空洞化 되어 가고 있다. 농정당국은 의욕을 잃고 무기력한 모습이고, 농민은 희망을 잃고 체념한 상태다.

새 정부가 들어섰다. 농업을 회생시키기 위한 새 정부의 과제는 매우 막중하고도 지난至難해 보인다. 무엇보다 중요한 과제는 농업, 농촌을 위한 새로운 농정의 틀을 마련하는 것이다. 언젠가 이루어질 통일 한국의 식량문제와 지속 가능한 농업의 미래를 위한 마스터플랜이 필요하다. 작금의 농정은 지난 30년간 WTO나 FTA 시장개방 때마다 땜질식, 임시방편식으로 덧칠하고 꿰매 합리성과 일관성이 부족하다. 이런 농정으로는 벼랑 끝에 놓인 우리 농업, 농촌을 회생시킬 수 없다.

농정의 마스터플랜은 농업의 공익적 가치를 최대화하는 데 초점을 맞춰야 한다. 이를 위해 농촌정책이 농정의 최상위에 위치해야 할 것이다. 농정은 궁극적으로 농촌을 어떻게 유지, 발전시킬 것인가에 맞춰야 하고, 소득정책이나 농업정책은 이를 위한 실천 정책이 돼야 한다. 결국 중요한 것은 사람이 사는 농촌이라는 인식이 국정 기조에 반영되어야 한다.

영농형 태양광, 농업의 대안이 될 수 있을까?

현재 영농형 태양광 사업과 관련해 국회에서 논의되고 있는 다양한 이슈들이 있다. 난개발로 인한 경관 훼손과 지역주민 갈등, 생산성 하락으로 인한 식량안보 위험 등 여러 현실적 어려움을 충분히 검토하되, 벼랑 끝에 서 있는 우리 농업에 새로운 활력이 될 수 있도록 현명하고 적극적인 노력을 기대한다.

2000년 초 세계를 강타한 코로나 사태와 이어진 러시아와 우크라이나 전쟁, 그리고 트럼프 발發 인플레이션과 세계 경기 침체로 전 국민은 우울하고 어려운 시간을 보내고 있다. 그중에서도 농민은 어느 때보다 고통스러운 시간을 보내고 있다. 쌀값은 전대미문의 속도로 폭락하는데 정책당국은 특별한 대책을 찾지 못하고 우왕좌왕하고 있다. 농업은 여전히 외롭고 불안하다.

이런 와중에 좀처럼 정체 상태를 벗어나지 못하는 농업소득의 대안으로 영농형 태양광 사업이 주목받고 있다. 국회에서는 영농형 태양광 사업의 확산을 위한 다양한 논의가 이루어지고 있다. 그러나 가장 커다란 과제는 과연 이 사업이 농가 소득을 높일 수 있는가 하는 문제다. 농지 위에 태양광을 설치하는 영농형 태양광 사업이 과연 농업소득을 보완하는 대안이 될 수 있을지, 아니면 농촌 경관만 해치는 무리수가 될지가 의문이다. 나는 최근 이에 대한 답을 찾는 연구를 수행하였다.

연구 결과는 내 우려와 달리 고무적이었다. 향후 예상할 수 있는 여러 가격 시나리오 하에서 영농형 태양광 사업은 사업을 하지 않는 경우에 비해 최저 2.3배에서 최고 3.2배의 수익성을 보였다. 이런 결과는 0.25ha에서 5ha에 이르는 다양한 경지면적에 유사하게 나타났으며, 경지 규모가 커짐에 따라 수익성이 높아지는 규모의 경제도 존재하는 것으로 분석되었다. 영농형 태양광 사업의 총수익은 기준 시나리오에서 연 5.3조 원으로, 내가 다른 연구에서 분석한 경관 가치 손실액 1.1조 원을 상회上廻한다.

결론적으로 영농형 태양광 사업은 벼랑 끝에 놓인 우리 농업의 대안이 될 수 있다. 그러나 재생 에너지 사업이나 전력 가격의 변화에 따라 수익성이 악화할 가능성도 있다. 따라서 여러 제도적 개선을 통해 영농형 태양광 사업의 경제성을 높이는 방안을 모색하는 것이 필요하다. 예를 들면, 여타 재생에너지 인증서에 비해 70% 가치만 인정하는 현재의 제도에서 적어도 100%를 인정하거나, 100kW 미만의 소규모 시설에 적용하는 120% 인센티브 방식으로의 개편이 필요하다. 또 수명이 다한 시설 폐기물 처리비용 지원이 이뤄지면 경제성을 더 확보할 수 있을 것이다. 생산된 재생 에너지가 적시에 전력망에 연결되지 못하는 문제도 조속히 해결해야 할 과제이다. 이와 함께 영농형 태양광 사업으로 인해 제고된 수익성 때문에 발생할 수 있는 임대료 상승 가능성도 제도적으로 해결해야 하는 문제다.

현재 영농형 태양광 사업과 관련해 국회에서 논의되고 있는 다양한 이슈들이 있다. 난개발로 인한 경관 훼손과 지역주민 갈등, 생산성 하락으로 인한 식량안보 위험 등 여러 현실적 어려움을 충분히 검토하되, 벼랑 끝에 서 있는 우리 농업에 새로운 활력이 될 수 있도록 현명하고 적극적인 노력을 기대한다.

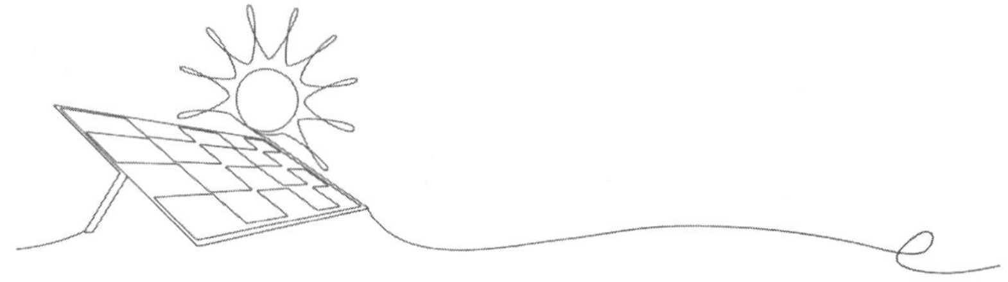

농림축산식품부 유감 : 농어촌식품부가 되어야 한다

2008년에 농업과의 상생, 새로운 성장동력 개발, 국가 브랜드 제고 등 목적으로 농정당국에 식품진흥업무를 부여해 〈농림부〉를 〈농림수산식품부〉로 개명했다. 이를 통해 1996년 〈해양수산부〉로 이관했던 수산부문을 다시 식품공급체계로 복귀시켰다. 식량 안보의 중요한 축을 담당하는 수산업은 오늘날 바다의 '잡는' 어업에서 육지의 '기르는' 어업으로의 정책적 전환을 하고 있다. 이는 해양생태계 보호와 수산물의 안정적 공급 때문이다.

2012년 대선에서 젊은 세대의 정권교체 염원에도 불구하고 51.6%를 득표한 박근혜 당선자의 승리는 농민의 절대적 지지가 있어 가능했다. 끝없이 이어지는 수입시장 개방으로 벼랑 끝에 몰린 농민들은 아이러니하게도 정권교체 대신 박근혜를 택했다. 박정희 전 대통령의 새마을운동을 떠올리며 다시 희망을 찾고 싶었는지도 모르겠다. 그러나 박근혜 정부의 농정 구상이 첫 단추부터 잘못된 방향으로 꿰어졌다. 농정당국의 명칭을 〈농림수산식품부〉에서 〈농림축산식품부〉로 바꾼 것이다. 식품 원료를 생산하는 여러 산업을 단순 병렬하는 이런 개명은 여러 측면에서 잘못된 구상이었다.

이 문제를 이해하기 위해서는 '식품 food'의 의미를 이해할 필요가 있다. 동서고금을 막론하고 국가경영에 있어 가장 중요한 것은 국민에게 안전한 먹거리를 충분히 제공하는 것이다. 과거 농업은 그 자체로 식품공급체계였다. 농업 내부에서 영농에 필요한 종자나 비료, 농기구 등의 자재를 조달하여 생산된 농산물을 직접 가공, 유통하여 판매하였다. 그러나 산업이 세분화, 전문화되면서 농업은 농산물 생산을 전담하고, 자재생산이나 농산물가공, 유통은 전후방산업에서 담당하며 농업의 의미와 중요성은 크게 달라졌다. 오늘날 식품공급체계는 농자재산업에서부터, 농업생산, 유통, 식품 가공, 외식을 포괄하는 식품산업이다. 여기에는 종자 등의 생명공학과 한류 음식문화도 포함된다. 식품산업은 식품가공산업과 구분되어야 하며, 따라서 농정조직은 식품공급체계를 관장하는 조직이어야 한다.

2008년 이명박 정부는 농업과의 상생, 새로운 성장동력 개발, 국가 브랜드 제고 등의 목적으로 농정당국에 식품진흥업무를 부여해 〈농림부〉를 〈농림수산식품부〉로 개명했다. 이를 통해 1996년 〈해양수산부〉로 이관했던 수산부문을 다시 식품공급체계로 복귀시켰다. 식량안보의 중요한 축을 담당하는 수산업은 오늘날 바다의 '잡는' 어업에서 육지의 '기르는' 어업으로의 정책적 전환을 하고 있다. 이는 해양생태계 보호와 수산물의 안정적 공급 때문이다.

그러나 전임대통령과의 차별화를 꾀했던 박근혜 정부는 오히려 퇴행의 길을 선택했다. 이름은 내용을 규정한다. 잘못된 명칭은 반드시 바로잡아져야 한다.

박근혜 정권 이후 유지하고 있는 〈농림축산식품부〉라는 명칭에는 산업만 있고, 사람은 보이지 않는다. 이는 규모와 경쟁력 위주로 운영된 지난 농정의 과오를 되풀이하는 것이다.

농정당국의 명칭은 산업보다 사람이 사는 지역의 중요성과 식품의 중요성을 반영해 〈농어촌식품부〉가 되는 것이 바람직하다.* 큰 그림을 그리는 올바른 농식품 정책을 만들기 위해서는 무엇보다 담당 정책당국의 명칭을 올바르게 만드는 것이 우선이다.

* 이 과정에서 짝을 잃은 〈해양수산부〉의 해양부문은 〈국토교통부〉와 통합해 〈국토해양부〉로 개명하고, 한반도의 육지부와 해양부를 균형되고 미래지향적 방향으로 개발하는 것도 고려할 필요가 있다.

'못난이농산물'의 명암

정부는 '못난이농산물'에 대한 가공수요 확대와 수출 증가를 위해 다양한 정책적 노력을 하고 있다. 그러나 이는 해당 농산물가격을 하향 압박할 뿐만 아니라, 대체효과를 통해 타 품목에도 부정적인 영향을 줄 수 있다. 못난이농산물 소비확대 정책은 정부의 고품질 농산물 생산 정책과도 상충한다. 소비자에게 친환경 농산물로 오인될 수 있는 못난이농산물이 우리 농업에 커다란 혼란을 가져올 가능성을 우려하지 않을 수 없다.

2019년 말 신세계그룹 최고경영자는 유명 방송인의 요청으로 강원도 농가에서 버려질 위기에 있던 '못난이 감자' 30톤을 이마트 매장을 통해 완판한 바 있다. 2020년 4월에는 해남산 못난이 고구마 300톤을 이마트와 신세계그룹 계열사를 통해 일주일 만에 모두 판매했다. 이렇듯 유통업계는 새로운 사업기회로 못난 농산물에 주목하고 있다. 온라인 유통업체 티몬은 못난이 과일을 20~30% 저렴하게 판매해 매출을 높이고, 11번가는 못난이농산물 전문 브랜드 〈어글리 러블리 Ugly Lovely〉를 출시했다.

'못난이농산물'은 비규격품으로 외관에 흠이 있거나, 모양 또는 크기가 일정하지 않아 상품성이 떨어지는 농산물이다. 과거 이런 농산물은 버려지거나, 싼값으로 가공식품에 활용되는 경우가 많았다. 그러나 못난이농산물 소비에 대한 인식이 바뀌면서 이를 찾는 소비자가 늘고 있다. 농협경제연구소의 2016년 조사에 따르면, 설문대상자의 81.7%가 못난이농산물이 시중에 판매되는 것을 알고 있으며, 구매에 긍정적인 응답자도 72%에 이른다.

못난이농산물은 2017년 농림축산식품부가 '올해의 농식품 소비 트렌드'로 선정하면서 국내 농식품 소비에 중요하게 자리매김했다. 못난이농산물 소비는 저렴한 가격으로 소비자 후생을 증가시키고, 농가 소득 증대에도 기여하는 것으로 인식되고 있다. 이와 함께 못난이농산물 소비는 버려지는 농산물 폐기물을 줄이는 착한 소비로도 주목받고 있다.

하지만 일각에서는 못난이농산물 소비가 정상적인 고품질 농산물의 가격을 낮추는 부정적 효과도 있어 양날의 칼이라는 시각이 존재한다. 못난이농산물 열풍 이전에는 유통되는 물량이 많지 않기 때문에 일반 농산물시장에 영향을 미칠 정도는 아니었다. 그러나 빈번하게 발생하는 이상기후로 못난이농산물 발생 가능성이 증가하고, 소비자 인식 변화와 적극적 유통전략, 정부 정책 지원에 힘입어 못난이농산물 소비가 확대되면서 전체 농산물가격을 낮출 것이라는 우려가 등장하였다.

이에 나는 못난이농산물의 영향을 사과와 당근 사례에 통해 분석해 학회에 발표한 바 있다. 못난이농산물 공급이 전체의 5% 또는 10%를 차지하고, 못난이농산물이 일반 규격품 농산물을 100%, 80%, 또는 50% 대체하는 시나리오를 설정하였다. 연구 결과, 모든 시나리오에서 일반 농산물가격이 하락하고, 사회 전체 후생도 감소하는 것으로 분석되었다. 사과 가격은 평균 19% 하락하고, 대체재가 거의 없는 당근 가격은 44%나 하락하였다. 못난이농산물 판매자의 소득과 소비자 후생은 증가하나, 정상 농산물 생산자의 소득과 소비자 후생은 더 많이 감소해 사회 전체 후생이 감소하였다. 못난이농산물은 전체 농가의 입장에서 양날의 칼이 틀림없으며, 정부나 지자체의 못난이농산물 판촉 지원은 신중하게 검토되어야 할 사안이다.

정부는 못난이농산물에 대한 가공수요 확대와 수출 증가를 위해 다양한 정책적 노력을 하고 있다. 그러나 이는 해당 농산물가격을 하향 압박할 뿐만 아니라, 대체효과를 통해 타 품목에도 부정적인 영향을 줄 수 있다. 못난이농산물 소비확대 정책은 정부의 고품질 생산 정책과도 상충한다. 소비자에게 친환경 농산물로 오인될 수 있는 못난이농산물이 우리 농업에 커다란 혼란을 가져올 가능성을 우려하지 않을 수 없다.

대기업 자본의 농업 진출을 반대한다

대기업 자본의 농업 진출을 우려하는 또 다른 중요한 이유는 농업이 생산하는 다원적 기능의 약화다. 정부가 매년 많은 예산을 들여 농업을 지원하는 이유는 근본적으로 농업이 생산하는 다원적 기능을 유지하고 확산시키는 데 있다. 농업은 농촌 지역의 소득 기반인 동시에 식량안보의 보루이며, 국가의 균형 발전에 필수적인 산업이다. 이런 기능은 이윤을 추구하는 소수의 대규모 농기업이 아니라, 다수의 다양한 소규모 농업경영체가 건강하게 유지될 때 확대 될 수 있다.

2013년 동부팜한농이 화옹 간척지에 토마토를 재배하는 유리온실단지를 조성했다가 농민들의 반대에 부딪혀 사업을 포기한 바 있다. 그런데 동부팜한농을 인수한 LG그룹이 영국계 투자회사와 함께 새만금지역에 토마토, 파프리카 등을 재배하는 대규모 스마트팜을 조성하겠다고 나서 대기업의 농업 진출이 또다시 논란이 되고 있다. 여기에 경북 상주시가 외국계 기업과 합작한 대규모 유리온실 사업에 130여억 원의 예산을 투입하기로 하면서 이 논란에 기름을 부었다. 농업계는 대기업 자본의 농업 진출을 반대하는 한편, 대기업 언론들은 기업 진출을 허용해야 농촌 경제가 살 수 있다고 압박하고 있다.

일각에서는 대기업 자본의 농업 진출이 농업기술과 물류유통의 고도화를 통해 우리 농업의 생산성과 경쟁력을 높일 수 있다고 주장한다. 틀린 얘기는 아니다. 그럼에도 대기업의 농업 진출에 반대하는 데는 이유가 있다. 자본의 농업 진출은 필연적으로 농업생산의 규모화와 집중화를 가져오고, 이는 소농구조의 붕괴를 유발하기 때문이다. 과거 서구열강들이 남미나 동남아시아에 진출하면서 수많은 대규모 농장이 생겨났지만, 지역 토착민의 식량 사정이나 경제 상황은 더 열악해졌다. 기존의 농가가 필요로 하는 농작물을 생산하던 농지가 서구 자본에 귀속되면서 농민은 임금 노동자나 그보다 못한 노예 상태로 전락하였다. 여기에 대규모 플렌테이션 Plantation은 식량보다 시장에서 많은 돈을 벌 수 있는 커피나 담배, 고무 등 환금換金 작물에 주력하면서 원주민들의 식량 상황은 더욱 열악해졌다. 이렇듯 대규모 자본에 종속된 농민의 고통은 자본의 농업 진출에 대한 트라우마가 되었다.

농업에 진출한 자본의 문제는 오늘날에도 곳곳에서 목격된다. 미국은 1999년에 모든 축산물 거래를 농무부에 의무적으로 보고하게 하는 〈축산물의무보고제도 Livestock Mandatory Reporting Act〉를 도입했다. 미국 축산업은 소수의 대기업이 가공이나 유통 과정을 장악한 수요독점 구조를 이루고 있고, 대부분 농가는 이들 기업과 계약생산을 하는 소위 '계열화'가 주류를 이루고 있다. 기업은 농가에게 병아리나 새끼 돼지, 사료, 금융 등을 제공하고, 농가는 단지 노동력을 투입해 사육하는 계열화 사업은 농가의 '임노동화賃勞

動化'와 다르지 않다. 미국 농무부는 시장기능이 제대로 작동하지 않는 이런 계열화 사업이 가격 결정이나 거래조건 등에 있어 대부분 농가에 매우 불리한 점을 고려해, 모든 거래 내역을 의무적으로 보고하게 하는 고육지책을 법제화했다. 자본의 폐해를 시장이 자율적으로 제어하지 못해 국가권력이 개입한 사례다.

우리의 육계 산업도 농가의 93%가 하림 등 특정 기업과 독점계약을 통해 생산하는 미국식 계열화 사업의 문제를 그대로 안고 있다. 대기업 자본은 육계 산업을 넘어 양계나 양돈 산업에도 진출하면서 축산 농가의 반발과 갈등을 부르고 있다. 계열화 사업은 농가의 가격위험을 제거하고 기업의 경영 컨설팅을 제공하는 이점이 있지만, 가격 결정이나 계약 내용에 있어 수요 독점의 폐해를 그대로 노정 시키는 문제도 있다. 생산 이후 과정이 과점화되어 있는 상태에서, 많은 농가는 어쩔 수 없이 대기업의 계열화 사업에 참여하지만, 농가 소득인 위탁수수료가 계속 하락하고, 경영위험을 농가에 전가하는 불공정한 사업방식에 대한 불만은 극한으로 치닫고 있다.

대기업 자본의 농업 진출을 우려하는 또 다른 중요한 이유는 농업이 생산하는 다원적 기능의 약화다. 정부가 매년 많은 예산을 들여 농업을 지원하는 이유는 근본적으로 농업이 생산하는 다원적 기능을 유지하고 확산시키는 데 있다. 농업은 농촌 지역의 소득기반인 동시에 식량안보의 보루이며, 국가의 균형 발전에 필수적인 산업이다. 이런 기능은 이윤을 추구하는 소수의 대규모 농기업이 아니라, 다수의 다양한 소규모 농업경영체가 건강하게 유지

될 때 확장될 수 있다. 대기업 자본은 벼랑 끝에 서 있는 생산농업에 진출하기보다, 생산농업의 발전을 지원하고 상생하는 모습을 보이기 바란다.

농업의 정치력을 키워야 한다

일각에서는 농업 때문에 한중 FTA에서 산업계의 이익을 충분히 확보하지 못했다고도 한다. 이러한 주장들은 국가 운영전략에서 농업을 배제하거나 포기하는 입장을 노골적으로 드러내는 것이다. 이는 미국이나 중국과의 FTA 등이 농업에 대한 치밀한 영향평가나 전략 없이 급속히 진행되었을 때 이미 예견되었다. 이 모든 것은 '농업의 정치력'이 약하기 때문에 발생하는 것이다.

미국, EU, 중국 등 농업 대국들과의 FTA가 초超 스피드로 체결돼 빈사 상태에 빠진 농업에 또다시 초대형 쓰나미가 덮쳤다. 우리 농업으로서는 가장 두려운 상대인 중국과의 FTA가 체결되자마자 거대 FTA로 불리는 〈환태평양경제협력 TPP: Trans-Pacific Strategic Economic Partnership〉에 적극적으로 가입할 것을 촉구하는 목소리가 높아지고 있다. 미국, 일본, 호주 등 태평양 연안 12개국 간의 자유무역협정인 TPP의 가장 커다란 난제였던 일본의 농산물 시장 개방이 가시화되면서 타결의 조짐이 보이기 시작했다.

우리의 농협중앙회 격인 일본의 JA전중全中을 해체하는 초강수를 동원한 일본 정부는 농업계의 반대를 꺾고 TPP를 이른 시간 내에 성사시키고자 노력하고 있다. 일본 정부는 '잃어버린 30년'

경제침체를 타개하고 다시 군사 대국으로 부상하기 위한 전략으로 TPP 체결을 꼽고, 그간 걸림돌로 여겼던 농업을 희생하기로 한 것이다.

일본에서 진행 중인 일련의 변화는 우리 농업에도 적지 않은 의미가 있다. 한국 정부나 언론, 경제계도 경기 부진을 타개하기 위한 발판으로 TPP에의 신속한 가입을 주문하고 있다. 일각에서는 농업 때문에 한중 FTA에서 산업계의 이익을 충분히 확보하지 못했다고도 한다. 이러한 주장들은 국가 운영전략에서 농업을 배제하거나 포기하는 입장을 노골적으로 드러내는 것이다. 이는 미국이나 중국과의 FTA 등이 농업에 대한 치밀한 영향평가나 전략 없이 급속히 진행되었을 때 이미 예견되었다. 이 모든 것은 '농업의 정치력'이 약하기 때문에 발생하는 것이다.

농업인구의 감소와 GDP 기여도의 하락은 농업의 역할이나 존재감에 부정적인 인식을 가져왔다. 여기에 헌법재판소가 결정한 선거구 조정은 농업의 정치력을 더욱 하락시킬 것이다. 우리 농업은 경제력과 함께 정치력에서도 쇠퇴하고 있다. 이는 농업예산의 감소와 정치적 배려의 축소를 의미한다.

농업인구나 국가 경제에의 기여도가 감소하는 현상은 농업선진국들도 마찬가지다. 미국의 농업인구는 전체 인구의 5%인 한국에 비해 훨씬 적은 1%대에 지나지 않는다. 그럼에도 농업과 R&D 예산은 증가세를 유지하고 있다. 이는 미국인의 농업에 대한 이해와 철학, 그리고 이에 근거한 정치구조와 농업의 정치력에 기인한다.

농업의 정치력은 외부에서 주어지지 않는다. 더 기댈 곳 없는 농업계 스스로 지켜나가고 만들어 가야 한다. 정치력을 높이기 위해서는 해야 할 일과 하지 말아야 할 일이 있다. 국민의 마음을 얻고 사랑받는 농업이 되는 것은 무엇보다 중요하다. 여기에 치밀하고 조직적인 전략과 이를 기획하고 운영하는 콘트롤타워 control tower가 필요하다. 농업인의 자조 조직이면서도 공공기관으로 관리되는 농협의 정체성과 지배구조의 독립성을 확보하는 것이 중요하다. 농업회의소 같은 정치적 대의기구를 통해 정책 결정과 예산 배정, 과정에 직접 관여해야 한다. 농업과 관련된 제도와 정책법안에 누가 어떤 발언을 하고, 어떤 입장을 취하는지 일일이 따져 선거에 반영해야 한다.

반면, 모래알처럼 흩어진 농심과 정치적 무관심이 한국 농업의 정치력을 갉아먹는 주범이다. 누워서 침 뱉기 식의 상호비방이나 소모적인 갈등은 내려놓아야 한다. 식품안전사고나 횡령사고는 치명적인 손상을 가져온다. 혼탁하고 부정한 조합장 선거는 농협의 독립성과 자주성을 훼손하는 결정적 사안이 될 것이다. 이제 한국 농업의 살길은 농업의 정치력을 높이는데 달려 있다. 생각과 의견을 모으고, 함께 요구하고, 뭉쳐 행동해야 한다. 농업의 중요성과 힘을 보여주어야 한다.

무역 이득 공유제, 다시 논의해야

무역이득공유제는 "모든 사람은 전체 사회의 복지라는 명목으로 유린될 수 없는 정의에 입각한 불가침성을 갖는다. 그러므로 소득과 부를 불공평하게 분배할 때는 사회의 최소 수혜자도 이익을 얻을 수 있을 때 정의롭다"고 주장한 하버드대 롤스 교수의 정의론에 입각한 것이다. 경제 전체에 도움이 된다는 명분을 가진 FTA를 위해 희생을 감내하는 농어업의 피해를 충분히 보상할 때 비로소 우리 사회는 정의롭다고 할 수 있다. 정의는 우리 헌법 정신이기도 하다.

국회에서 무역이득공유제貿易利得共有制의 도입이 합의되면서 중국과의 FTA가 극적으로 비준되었다. 그러나 졸속으로 처리된 무역이득공유제가 또 다른 갈등과 분쟁의 씨앗이 되고 있다. 향후 10년간 연 1천억 원, 총 1조 원의 기금을 FTA 수혜기업과 농, 수협의 자발적 기부를 통해 조성하고, 부족한 부분은 정부가 부담하는 방식으로 한다는 것이다. 이러한 내용을 둘러싸고 농업계와 비농업계 간에 날 선 논쟁이 벌어지고 있다. 여기에 언론들이 나서서 이 싸움을 부추기고 있다. 정확하지도 않은 수치를 내세워 '농업 퍼주기', '밑 빠진 독에 물 붓기' 등의 수사로 벼랑 끝에 서 있는 농어업을 마녀사냥식으로 매도하고 있다. 이는 국민 간의 불필요한 갈등을 증폭시킴으로써 국력의 낭비를 가져오고 갈 길 바쁜 경제 운용에 커다란 짐을 지우는 것이다.

한국의 FTA 지도는 속도 면에서도 세계에서 유례가 없을 정도로 빠를 뿐만 아니라, 세계인구의 85%를 커버하는 거대한 시장이 되었다. 이는 자동차나 전자제품 등 수출산업에는 엄청난 기회가 되지만, 국제 경쟁력이 취약한 농업으로서는 세계 최강의 농업과 생존을 두고 경쟁해야 하는 처절한 현실을 의미한다. 무역이득공유제는 "모든 사람은 전체 사회의 복지라는 명목으로 유린될 수 없는 정의에 입각한 불가침성을 갖는다. 그러므로 소득과 부를 불공평하게 분배할 때는 사회의 최소 수혜자도 이익을 얻을 수 있을 때 정의롭다"고 주장한 하버드대 롤스 교수의 정의론正義論에 입각한 것이다. 경제 전체에 도움이 된다는 명분을 가진 FTA를 위해 희생을 감내하는 농어업의 피해를 충분히 보상할 때 비로소 우리 사회는 정의롭다고 할 수 있다. 정의는 우리의 헌법정신이기도 하다.

헌법 119조는 1항에 자유로운 경제 질서를 존중함을 명시하면서도 2항에 "국가는 균형 있는 국민경제의 성장과 적정한 소득의 배분을 유지하고, 경제주체 간의 조화를 통해 경제의 민주화를 위하여 경제에 관한 규제와 조정을 할 수 있다"라고 규정하여 산업 간 이익의 균형을 맞추기 위한 국가의 역할을 강조하고 있다. FTA가 무역확대를 통해 경제성장과 국부의 증가를 가져온다는 점에서 정부의 정책변화로 인한 일부 산업의 피해를 허용하는 공리주의적 관점을 수용할 수 있다. 그러나 FTA가 특정 산업과 경제주체의 이익을 추구한다는 점에서, 이로 인해 피해를 본 산업에 보상하는 무역이득공유제는 헌법에 명시된 경제민주화 정신에 정확하게 부합하는 것이다.

그러나 한중 FTA로 인한 농업의 피해를 민간기입과 농, 수협의 자발적 기부 형식으로 재원을 마련하기로 한 여야 합의안은 그 효과는 차치하더라도 무역이득공유제에 담긴 철학에도 맞지 않는다. 10년 후 1조 원 규모의 기금이 조성된다 하더라도 이자 수입으로 환산하면 연 200억 원도 되지 않는다.* 이는 FTA로 인한 농어업의 피해에 턱없이 부족한 것이다. 수혜기업의 자발적 기부를 통한 기금조성도 실현 가능성이 매우 낮은 생색내기에 지나지 않는다. 여기에 피해 당사자의 자조自助 조직인 협동조합에 부담을 지우는 것은 무역이득공유제에 대한 몰이해의 산물이다. 정치적 이해다툼에만 몰두하는 국회의 졸속 결정으로 농업과 비농업의 갈등만 증폭되고 농어민들만 염치없는 집단으로 매도당하고 있다.

FTA의 주 수혜자는 수출기업뿐 아니라, 식품산업, 농산물수입업자, 그리고 소비자들이다. 따라서 FTA로 이득을 보는 모든 주체가 공히 농업 등 피해부문에 보상해야 한다. 따라서 무역이득공유제는 당연히 정부의 기금으로 실행해야 한다. 그래야 무역이득공유제의 철학에도 맞고 실효성도 담보할 수 있다. 또한 불필요한 논란도 잠재울 수 있을 것이다. 무역이득공유제는 이를 제도적으

* 2017년 출범한 농어촌상생협력기금의 2024년까지 모금액은 목표액의 25%에 불과하다. 이마저도 민간기업이 조성한 금액이 39%에 지나지 않으며, FTA 최대수혜자라 할 수 있는 재계서열 10위까지의 기여액은 470억 원에 지나지 않는다.

로 명시함으로써 농업에 대한 대책과 이에 따른 예산의 배분이 정당한 것임을 천명하는 것이다

무역이득공유제는 FTA 때마다 등장하는 대책들이 양적으로나 질적으로 충분하지 않을 뿐 아니라, 이런 대책들이 매우 시혜적이고 농업에 대한 부정적인 시각에 기반한다. 무역이득공유제의 본질은 농업의 희생에 대한 인식의 정립이자, 공식적인 인정이다. 무역이득공유제는 다시 제대로 만들어져야 한다.

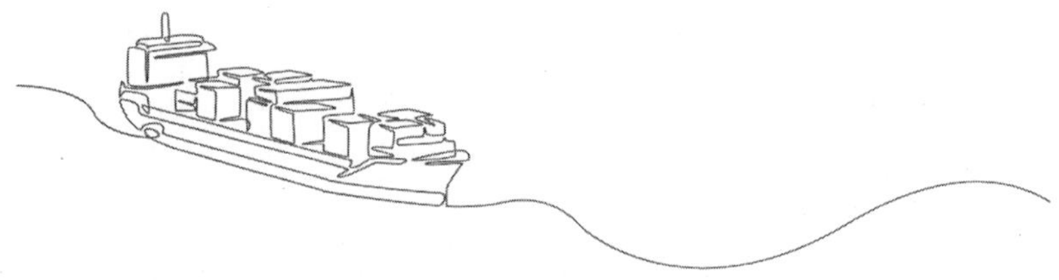

헌법에 담긴 농업의 공익적 가치

농업의 가치를 헌법에 담는 것이 농업에 대한 일방적이고 조건 없는 지원을 의미하는 것은 아니다. 농민은 국민이 믿을 수 있는 안전하고 질 좋은 농산물을 생산하고, 깨끗하고 건강한 물과 토양, 공기를 유지하는 책무도 같이 지는 것이다. 농업의 가치를 헌법에 담아 국민의 농업이 될 수 있기를 바란다.

농업 가치를 헌법에 명시하자는 국민 1,100만 명의 염원에 따라 문재인 정부가 추진했던 헌법 개정안에 농업의 공익적 기능을 명문화하고, 농업의 지속 가능한 발전을 국가적 책무로 규정하는 내용이 담겼다. 이는 한국 농업의 존재의미에 대한 인정이고, 새로운 농업으로의 변화를 의미한다.

오늘날 거의 모든 선진국은 잘사는 농촌을 가지고 있다. 이는 농업발전이 선진국의 전제 조건임을 의미하는 것이 아니다. 거꾸로 선진국은 농업과 농촌의 가치를 이해하고, 농업이 생산하는 공익적 가치를 유지하기 위해 제도적 장치 마련과 정책적 지원을 한다. 선진국이 농업을 보호하는 중요한 목적은 농업이 생산하는, 그러나 시장에서 보상받지 못하는 다원적 기능을 간단없이 공급받기를 원하기 때문이다. 식량안보는 물론이고, 식품 안전성 제고, 지역 간 균형 발전, 도시민을 위한 휴식공간 제공, 수자원의 유지 등이 그것이다. 농촌과 농업은 경기침체기에 고용을 제공하고, 사회 구성원 간 갈등을 흡수하는 국가 경제의 완충지대도 된다.

현대사회로 접어들면서 더욱 중요시되는 농업의 다원적 기능은 농업과 분리되지 않는, 우리 사회에 꼭 필요한 공공재적 성격을 가지며, 따라서 공익적 가치를 지닌다. 이런 가치가 시장에서 보상받지 못하기 때문에 농업이 생산하는 다원적 기능에 대한 정당한 보상과 이를 위한 제도적 접근이 필요하다. 이것이 농업 가치가 헌법에 담겨야 하는 이유다.

헌법 개정안에 담긴 농업 관련 조항의 의미는 크게 3가지로 볼 수 있다. 첫째, 경자유전 원칙의 유지, 둘째, 농업 관련 조항의 독립화, 셋째, 농업의 공익적 기능 명문화이다. 비농업계에서는 이 개헌을 기회로 기존의 헌법 조항인 경자유전 원칙을 무력화시키려 했지만, 식량안보와 농촌의 균형 발전을 위해 이 조항은 유지되었다. 또 기존의 123항에 농업과 함께 명시되어 있던 중소기업 관련 내용이 별도 조항으로 분리됨에 따라 농업만을 위한 조항이 생겼으며, 이 조항에 농업의 공익적 기능과 지속 가능한 발전이 명시되었다. 그러나 문재인 정부의 헌법 개정은 복잡한 정치적 이해충돌 속에서 표류하다 끝내 무산되었다.*

1987년 개정된 현행 헌법이 여러 측면에서 시대적 흐름을 충분히 반영하지 못한다는 지적에 따라 다양한 내용의 개헌이 꾸준히

---

* 새로 출범한 이재명 정부도 "진짜 대한민국을 위한 헌법 개정'할 것을 발표했다. 이 기회에 농업의 헌법 가치화를 반드시 이뤄야 한다.

논의되고 있다. 농업의 헌법 가치화가 독자적 동력이 되기는 어렵지만, 개헌이 이루어지면 반드시 관철해야 하는 농업의 가장 중요한 과제이다. 물론 농업의 가치를 헌법에 담는 것이 농업에 대한 일방적이고 조건 없는 지원을 의미하는 것은 아니다. 농민은 국민이 믿을 수 있는 안전하고 질 좋은 농산물을 생산하고, 깨끗하고 건강한 물과 토양, 공기를 유지하는 책무도 같이 지는 것이다. 농업의 가치를 헌법에 담아 국민의 농업이 될 수 있기를 바란다.

공익형 직불제 : 농업은 왜 특별대우를 받는가?

오늘날 미국, 유럽, 일본 등 선진국들이 농업을 시장에 맡기지 않고 많은 투자와 지원을 하는 것은 농업이 생산하는 다원적 기능을 계속해서 공급받기를 원하기 때문이다. 국가 간 무역 흐름을 보다 투명하고 자유롭게 하는 것을 목적으로 설립된 WTO도 농업의 다원적 기능을 인정하고 이에 대한 보상을 허용한다.

2020년 문재인 대통령의 1호 농정공약이었던 공익형 직불제가 도입되었다. 논과 밭 모든 작물의 생산 농가에 일정한 직불금을 지원하는데, 경지 규모가 작은 농가를 더 우대해 지원하는 것이 핵심 내용이다. 농업을 제외한 다른 어떤 산업에도 생산자에게 고정된 금액의 보상을 주지 않는다. 농업은 왜 특별한가? 그 답은 농업 생산과정에서 같이 생산되는 공익적 가치에 있다.

농업은 먹거리 생산을 주목적으로 하는 산업이다. 그러나 그 과정에서 의도치 않은 여러 긍정적 또는 부정적 부산물이 생산된다. 경제학은 이를 결합생산물이라 하며, 시장을 통해 보상받지 못하는 긍정적 부산물을 외부경제효과外部經濟效果, 부정적 부산물을 외부불경제효과外部不經濟效果라 부른다. 농업생산 과정에서 발생하는 홍수조절이나 경관보전, 지역균형발전, 식량안보 등은 시장에서 보상받지 못하는 외부경제효과이고, 수질오염이나 악취, 온실가스 배출 등은 외부불경제효과에 해당한다.

양질의 충분한 식량 공급은 국가 존립의 기반이며, 국민이 인간으로서 존엄성을 지키며 살아갈 수 있는 전제 조건이다. 먹을 것이 없어 아사자가 속출하는 북한이나, 애들에게 진흙쿠키를 먹일 수밖에 없는 아이티 같은 나라에서 인간의 도리나 자존심을 기대하기는 어려울 것이다. 이들에게는 정부나 심지어 국가도 아무 의미가 없을 수 있다. 2006년부터 식량 가격이 사상 최고로 폭등해 적지 않은 정부가 몰락하는 것을 지켜본 지구촌은 그간 수출국들이 꾸준히 부정해왔던 식량안보의 중요성을 체감했다. 수출국들의 수출세 부과와 수출금지는 자유무역이 식량안보의 효율적 방안이라는 주장이 허구라는 것을 깨닫게 했다. 국내 생산기반은 식량안보의 가장 강력한 대안이며, 식량 위기 시기에 보다 높은 식량안보 가치를 생산한다.

그리나 오늘날 농업이 생산하는 더 중요한 다원적 기능은 지역의 균형 발전과 도시민들을 위한 휴식공간 제공, 전통문화 유지 등이다. 농업은 경기침체기에 일자리와 생계의 기반을 제공하는 국가 경제의 완충지대가 된다. 농촌은 오늘날 주요 수출상품인 전통문화를 보존하고, 도시민을 위한 안식처를 제공한다. 다원적 기능은 다양한 형태의 농가로 구성된 건강하고 활기찬 농촌이 있어야 가능하다.

오늘날 미국, 유럽, 일본 등 선진국들이 농업을 시장에 맡기지 않고 많은 투자와 지원을 하는 것은 농업이 생산하는 다원적 기능

multi-functionality을 계속해서 공급받기를 원하기 때문이다. 국가 간 무역 흐름을 보다 투명하고 자유롭게 하는 것을 목적으로 설립된 WTO도 농업의 다원적 기능을 인정하고 이에 대한 보상을 허용한다.

농업정책과 농업보조는 선심성 시혜가 아니라 농업이 생산하는 다원적 기능에 대한 정당한 보상이며, 경제적 불안정과 사회적 갈등에 대한 안전망을 제공하는 국가 존립의 기반이다.

농업도 마케팅이 필요하다

농업은 본래 완전경쟁적이지만, 최근 시장의 변화는 한국 농업을 더욱 극심한 경쟁 속으로 몰아넣고 있다. 오늘날 우리 농산물 시장은 거의 100% 개방 상태에 있다. 이는 한국 농민들이 전 세계의 가장 생산성이 높은 농민들과 직접 경쟁해야 함을 의미한다. 대규모 자본과 월등한 정보력으로 무장한 대형유통업체도 농업이 과거 경험해보지 못했던 경쟁상대이다. 여기에 SNS와 인공지능으로 더욱 현명해지고 까다로워진 소비자들과도 경쟁해야 한다.

통계청은 2023년 농업소득이 1100만 원이라고 발표했다. 평균적인 농가가 일 년 동안 농사지어 월 100만 원도 벌지 못한다는 뜻이다. 그나마도 2022년 대비 17% 증가한 금액이다. 월 100만 원은 요즘 사회적 논쟁의 중심에 있는 최저 임금보다 훨씬 적은 수준이다. 2023년 최저 임금을 월급으로 환산하면 201만 원이 넘는다. 농업경영주가 농업노동자보다 적게 벌었다는 의미다.

농업소득에 농산물가공이나 농촌관광 등으로 얻는 농외소득과 정부 보조 등 이전移轉 소득을 합한 농가 소득도 5천만 원 수준이다. 도시근로자 소득의 60%에도 미치지 못한다. 본업인 농업에서 얻는 소득이 늘지 않으면 농촌은 지속가능성을 잃게 될 것이다. 그러나 농업소득은 2015년을 정점으로 계속 하락하고 있다.

어떤 기준에서 보더라도 한국 농업은 어렵다. 농업인 스스로 열심히 일하고 정부도 열심히 봉사하는 것처럼 보이는데, 농업은 왜 점점 더 어려워질까? 농업이 당면한 이 본질적 문제에 대한 정확한 진단과 합당한 처방이 없다면 우리 농업의 미래는 어떤 화려한 미사여구에도 불구하고 암담할 수밖에 없다.

농업이 어려운 것은 근본적으로 경쟁 때문이다. 경제학 이론은 산업구조를 크게 완전경쟁, 독점적 경쟁, 과점, 독점시장으로 분류한다. 산업이 속한 시장의 경쟁 상태를 기준으로 분류한 것이다. 완전경쟁 시장은 자원 배분의 효율성과 가격 결정의 공정성 측면에서 가장 완벽한 시장으로 간주한다. 그러나 완전경쟁 시장은 생산자 누구도 이윤을 얻을 수 없다는 함의를 가진다. 이윤의 존재가 시장참여자 모두에게 신속하게 전달되고, 누구나 아무 제약 없이 시장에 진입해 기술격차가 없는 똑같은 상품을 생산할 수 있기 때문이다. 이런 완전경쟁 시장은 현실적으로 존재하기 어렵다. 그러나 여기에 가장 가까운 산업이 농업이다.

농업은 수많은 생산자가 수많은 소비자를 대상으로, 품질 차이가 거의 없는 상품을, 가격이나 수급정보가 넘쳐나는 시장에서 팔기 위해 경쟁하는 산업이다. 농업은 본래 완전경쟁적이지만, 최근 시장의 변화는 한국 농업을 더욱 극심한 경쟁 속으로 몰아넣고 있다. 오늘날 우리 농산물시장은 거의 100% 개방 상태에 있다. 이는 한국 농민이 전 세계에서 가장 생산성이 높은 농민과 직접 경쟁해야 함을 의미한다. 대규모 자본과 월등한 정보력으로 무장한 대형유통업체도 농업이 과거 경험해보지 못했던 경쟁상대이다. 여기에 SNS와 인공지능으로 더욱 현명해지고 까다로워진 소비자와도 경쟁해야 한다. 한국 농업이 당면하고 있는 이런 경쟁의 대상과 본질을 이해하고, 이에 대응하는 것이 가장 시급하고 중요한 과제가 아닐 수 없다.

이것이 농업에 마케팅이 필요한 이유다. 마케팅은 상품 차별화를 통해 내 상품을 선호하는 소비자의 반복적 구매를 유도하고, 가격을 결정할 수 있는 힘을 준다. 농산물 마케팅은 농업이 직면한 극심한 경쟁 상태에서 벗어날 수 있는 유일한 방법이라고 할 수 있다. 그러나 마케팅은 높은 전문적 지식과 경험을 필요로 한다. 정부나 국회가 제도나 정책으로 할 수 있는 일이 아니다. 농가 스스로 마케팅을 이해하고, 경영의 전 과정에 마케팅 개념을 적용해야 한다.

그러나 이는 규모나 전문성 측면에서 개별 농가가 하기 어렵다. 그래서 공동마케팅이 필요하고, 이를 위해 산지 조직화가 이루어져야 한다. 뉴질랜드의 키위, 미국의 선키스트 같은 세계적 브랜드 파워의 원천은 공동마케팅에 있다. 공동마케팅만이 1천만 원에도 미치지 못하는 소득을 얻는 한국 농업이 가야 할 길이다.

농산물 브랜드 공해

그러나 브랜드화는 매우 어려운 과제다. 우수한 품질은 기본이고, 충분한 자금과 정밀한 마케팅 전략을 필요로 한다. 수평적, 수직적 정보 네트워크와 신속하고 유연한 의사결정과정도 요구된다. 누구나 브랜드화를 한다고 해서 성공하진 못한다. 또 모두가 브랜드화를 할 필요도 없다.

농산물 브랜드화는 시장개방 시대에 우리 농업이 살아남기 위해 꼭 필요한 과제이다. 브랜드 마케팅의 목표는 크게 두 가지다. 하나는 내 상품이 다른 상품과 다르다는 차별화이고, 또 다른 하나는 소비자들이 반복 구매할 수 있는 확실한 대상이 되는 것이다. 브랜드화는 시장세분화를 통해 차별화된 상품을 만들고, 이 상품에 대한 소비자의 충성도를 높이는 작업이다. 이는 궁극적으로 나만의 시장을 만들고, 가격교섭력을 높이는 것이다.

그러나 브랜드화는 매우 어려운 과제다. 우수한 품질은 기본이고, 충분한 자금과 정밀한 마케팅 전략을 필요로 한다. 수평적, 수직적 정보 네트워크와 신속하고 유연한 의사결정과정도 요구된다. 누구나 브랜드화를 한다고 해서 성공하진 못한다. 또 모두가 브랜드화를 할 필요도 없다.

이런 측면에서 우리 현실은 걱정스럽다. 현재 시장에 유통되고 있는 농산물 브랜드가 너무 많아 거의 공해 수준이다. 쌀의 경우만 무려 2,000개가 넘는 브랜드가 좁은 시장을 두고 경쟁하고 있다. 품질이나 디자인도 그렇고, 브랜드명도 비슷비슷하게 촌스럽다. 소비자들은 머리가 어찔해지고 짜증이 난다. 없느니만 못한 브랜드화다. 실패한 브랜드화는 불필요한 마케팅 비용을 높이고 공동마케팅을 저해한다.

이런 브랜드 공해에 정부도 한몫하고 있다. 나는 연전에 행정안전부가 주관하는 지방자치단체 경영대전의 심사에 참여한 적이 있다. 기초자치단체에서 광역단체까지 경영 성과를 치하하고 격려하는 좋은 취지의 이벤트이다. 그런데 평가항목 중 하나가 지역특산물 브랜드화였다. 시·군을 포함해, 참가한 모든 지자체가 점수용 브랜드를 급조하고 성과를 부풀린 흔적이 역력했다. 이런 과정에서 많은 농산물이 제대로 소비되지 못하고 쓰레기가 되었을 것이다. 불필요한 예산의 낭비도 적지 않았을 것이다.

이런 사례가 이뿐만 아니다. 농식품부를 비롯하여 거의 모든 지방 정부들이 브랜드 육성사업을 한다. 산지 브랜드 육성에 지원된 정부 예산이 수천억 원에 이르는 것으로 추산되고 있다. 심지어는 정부 기관이 나서서 브랜드 사업을 하기도 한다. 그런데 왜 우리 농업은 점점 더 어려워질까? 정부 기관의 브랜드 육성사업은 오히려 시장을 혼란하게 하고, 농산물 마케팅을 잘못된 방향으로 유도하기 때문이다. 가격 결정을 왜곡하고 효율적인 자원 배분을 저해하며, 광역브랜드화를 통한 시장교섭력 제고에 역행할 수도 있다.

농산물 브랜드화의 성공은 결코 정부의 지원이나 평가에 따라 이루어지지 않는다. 생산자와 출하 주체 스스로 시장여건과 상품 조건에 맞는 브랜드 마케팅을 주도해야 한다. 정부가 나서서 우수 브랜드를 찾을 필요도 없다. 성공한 브랜드는 소비자가 먼저 알아보고 상을 준다. 내 연구에 의하면 정부의 우수브랜드 정책에 의해 만들어진 〈러브미〉 브랜드가 대형마트에서 가격 프리미엄을 거의 얻지 못하는 것으로 분석되었다. 이 인증은 농식품부 심사에서 3년 연속 우수브랜드로 선정돼야 얻을 수 있다. 얼마나 많은 시간과 노력과 비용이 들었을지 안 봐도 알 수 있다. 정부는 제발 나서야 할 일과 나서지 말아야 할 일을 구분하길 바란다. 정부가 브랜드 공해의 주범이 되어서는 안 될 것이다.

정녕 뜬금없는 시장을 만들 것인가?

시장도매인제는 경매제가 유통비용이 많이 든다는 이유로, 정가수의 거래는 경매제가 가격 변동성을 높인다는 이유로 도입되었다. 그러나 정가 수의거래는 전자경매 대신 마쟁이를 도입하는 것이고, 시장도매인제는 마쟁이 마저 없애는 것이다. 둘 다 시대착오적이고, 도매시장의 근간을 무너뜨리는 위험한 시도이다.

우리는 흔히 "뜬금없다"라는 말을 쓴다. 갑작스럽고 엉뚱하다는 사전적 의미를 가진 이 표현의 어원이 흥미롭다. 국어사전에 뜬금이란, 일정하지 않고 상황에 따라 달라지는 값이라 되어 있는데, 뜬금없다는 표현은 그런 값조차 없는 혼란스러운 상황을 의미한다. 과거 시장에 쌀이나 곡식의 양을 되나 말로 정해주는 '마쟁이'라는 관리가 있었는데, 이들을 말감고斗監考라고도 불렀다. 이름 그대로 쌀의 중량을 감시하는 이들은, 애초 곡물의 품질등급을 정하거나 부정거래를 감시하는 직책이었으나, 점차 곡물의 기준시세를 정해 거래를 원활하게 하는 역할을 담당했다. 그러나 이들이 어떤 이유에서든 값(금)을 띄우지 않거나, 띄운 시세가 정확하지 않으면 시장은 혼란에 빠진다. 즉, 뜬금없는 시장이 되는 것이다.

조선 시대에 마쟁이가 있었다면 오늘날에는 도매시장 경매가 그 역할을 한다. 그러나 시장에 들어온 모든 정보와 호가呼價를 반영해 결정되는 경매가격은 당연히 마쟁이가 띄운 시세보다 정확하고 공정할 것이다. 경매가격은 산지와 소비지 유통을 포함한 모든 시장거래의 기준이 된다. 만약 경매가격이 없다면, 어떤 가격을 기준으로 거래해야 할지 혼란스러울 것이다. 이 경우 거래가격은 가격교섭력에 의해 결정되고, 가격발견 비용과 협상 비용이 더 높아질 것이다. 거래에 대한 불신과 거래자 간 갈등도 증폭될 것이다.

그런데 시장의 기준 역할을 해오던 도매시장에 이상한 일이 일어나고 있다. 시장도매인제에 이어 정가 수의거래가 경매제의 대안으로 도입되었다. 두 거래제도 모두 경매가격이 있어야 제대로 작동함에도, 마치 경매제를 대체해야 하는 것으로 추진되고 있다. 시장도매인제는 경매제가 유통비용이 많이 든다는 이유로, 정가 수의거래는 경매제가 가격 변동성을 높인다는 이유로 도입되었다. 그러나 정가 수의거래는 전자경매 대신 마쟁이를 도입하는 것이고, 시장도매인제는 마쟁이 마저 없애는 것이다. 둘 다 시대착오적이고, 도매시장의 근간을 무너뜨리는 위험한 시도다.

미국의 경우 100% 시장도매인제, 일본은 90% 이상 예약 상대거래로 이루어진다. 그러나 이들 시장이 한국의 도매시장에 비해 결코 비용 효율적이거나 가격 효율적이지 않다.* 경매가격 같은

* 나는 2025년 연구를 통해 이를 확인했다.

기준가격이 없는 미국에서 축산물 거래가격을 의무적으로 신고하게 하는 법을 만든 것을 타산지석으로 삼아야 한다. 경매제가 유명무실한 일본의 경우, 법인 소속 직원이 거래가격을 결정한다. 그러나 이는 경매에 비해 매우 어렵고 비효율적인 과정이 아닐 수 없다. 양자 협상을 통해 가격을 결정하는 비용도 당연히 경매에 비해 높다. 같은 거래물량을 처리하기 위해 일본은 한국의 3배에 해당하는 직원을 필요로 한다. 일본 시장전문가들이 경매제의 부활을 꿈꾸는 것이 현실이다. 그러나 한번 망가진 경매제를 다시 만드는 것은 거의 꿈에 가깝다.

우리의 정가 수의거래는 일본의 예약 상대거래를 벤치마킹했다. 여기에는 상대거래가 가격 변동성을 줄인다는 이상한 논리가 뒷받침되었다. 문제는 경매제가 가격 변동성을 높이는가 하는 것이다. 가격은 수급의 변화에 따라 변동한다. 가격 결정방식의 하나인 경매제가 가격 변동성을 높인다는 주장은 잘못된 것이다. 경매제의 일중日中 가격 차가 큰 것은 당일의 수급 물량이나 품질이 균형을 이루지 못하기 때문이다. 이는 거래제도가 아니라 제대로 된 등급화와 정보화로 풀어야 하는 문제다.

시장도매인제나 정가 수의거래는 경매물량을 줄여 경락가격의 대표성과 효율성을 저해시킬 것이다. 경매라는 훌륭한 가격 결정방식을 가진 우리 도매시장이 뜬금없는 시장으로 변해가는 모습이 안타깝기 그지없다.

시장도매인제 논란, 수산물 유통법 개정에서 교훈 얻어야

우회유통의 우월한 조건에 현혹된 어민들은 임의상장제의 도입을 요구하였고, 의무상장제를 행정규제로 인식한 문민정부는 이를 전격적으로 도입하였다. 그러나 이는 어민들이 상인들이 제시하는 좋은 계약조건이 의무상장제에서만 가능한 것임을 간과한 결과였다.

2016년 말 정부는 세간의 이목을 끌지 못했지만 중요한 법 개정을 단행했다. 1997년 김영삼 정부가 규제개혁 차원에서 폐지한 의무상장제義務上場制를 복구시켜 수산물 유통의 정상화를 꾀한 것이다. 핵심 내용은 거래정보의 부족으로 가격 교란이 심한 수산물을 '산지공판장'을 통해서만 거래하게 하고, 이를 위반한 경우 2년 이하의 징역 또는 2천만 원 이하의 벌금에 처하도록 한 것이다. 정부 규제 완화가 대세인 오늘날, 오히려 산지유통을 강제 규제하는 이런 법 개정의 배경은 기존의 임의任意 상장제가 가져온 폐해가 심각하기 때문이다.

정부는 오래전부터 수산자원 보호와 거래 공정성을 위해 모든 수산물을 의무적으로 산지공판장을 통해 유통하게 했다. 그러나 투명한 거래로 세원이 노출되는 것을 꺼린 유통상인들이 어민들에게 좀 더 높은 가격 등 좋은 조건을 제시하고, 산지공판장을 우회해 불법적으로 거래하기 시작했다. 우회유통의 우월한 조건에 혹한 어민은 임의상장제의 도입을 요구했고, 의무상장제를 행정규제로 인식한 김영삼 정부는 이를 전격적으로 수용했다. 그러나 이는 상인이 제시하는 좋은 계약조건이 의무상장제 아래에서만 가능한 것임을 간과한 결과였다.

수산물의 임의 상장제는 거래정보가 노출되지 않아 거래교섭력의 불균형을 가져옴은 물론, 생산과 유통에 관한 통계 수집을 막아 정확한 수산정책을 방해하는 문제를 가져왔다. 특히 내수면 양식 어류의 경우 장외에서 99 퍼센트 이상 거래되고, 중간상인의 거래정보 독점으로 가격 교란이 극심해졌다. 이에 해양수산부는 2005년부터 의무상장제를 재도입해 수산물 유통을 정상화하는 방안을 모색했고, 10여 년의 노력 끝에 이번 법 개정에 이른 것이다.

20년에 걸친 수산물 유통제도의 변천사는 농산물 유통에도 중요한 교훈을 준다. 경제성장과 도시화, 식품 소비패턴의 변화로 가락시장의 수용 능력이 한계에 이르러 시장의 물적 기능을 강화하고, 물류 효율화를 목적으로 한 시설현대화사업이 2011년부터 추진되고 있다. 그러나 이런 국가적 사업이 시장도매인제의 도입 여부를 놓고 수년째 표류하고 있다. 시장도매인제는 상장경매를 기본으로 하는 가락시장에 수산물의 임의 상장제와 유사한 위탁상 제도를 부활하는 것이다. 과거 위탁상 제도의 극심한 폐해로부터 농민을 보호하기 위해 설립한 가락시장에, 다시 시장도매인제를 도입하자는 가장 큰 명분은 경매제에 비해 유통비용이 적고 가격이 안정적이라는 것이다.

이런 검증되지도 않은 주장은 실제로 10년 전 설립된 강서시장에서 실험적으로 운영되어 왔다. 그러나 경매제를 건너뛰어 절감할 수 있는 수수료에 비해 적정가격을 찾기 위한 가격발견비용이나 계약이행비용 등 거래비용이 훨씬 크다. 경쟁을 통해 결정된 가격이 실시간으로 공개되는 경매제에 비해, 출하자와 시장도매인 간 비공개계약으로 이루어지는 시장도매인제가 시장의 효율성을 얼마나 저해할지 명약관화하다.

경매제가 건강하게 운영될 경우, 시장도매인제는 대안적 유통경로로 보일 수 있다. 그러나 시장도매인제가 만연해 경매제 기능을 위협하게 되면 심각한 문제가 발생할 것이다. 가락시장은 경매제를 중심으로 운영되어야 하며, 경매제가 훼손될 경우 수산물 임의 상장제에서 경험한 바와 같이, 농산물 유통에 재앙이 될 것이다. 몇몇 중도매인의 이익을 위해 다수 농민과 소비자의 이익을 위협하는 우를 범하지 말아야 한다.

농산물 유통혁신, 조성 기능의 정상화가 필요하다

농산물 유통의 효율화는 유통구조가 아니라 유통조성 기능으로 풀어야 하며, 유통정책은 조성 기능이 정상화 되는데 초점을 맞춰야 한다. 효율적 유통조성 기능은 유통뿐만 아니라 생산과 소비의 효율화도 가능하게 한다.

농산물 유통의 효율화는 농산물의 대표가격을 결정하는 가락시장의 효율화에서 시작되어야 한다. 그러나 이는 경매단계를 건너뛰거나 경매 기능을 약화하는 방향이 아니라, 왜곡되고 불합리한 유통조성 promotion 기능의 정상화로부터 시작되어야 한다. 유통조성 기능이란 상품의 거래(상류商流)와 흐름(물류物流)을 신속, 정확하고 비용 효율적으로 이루어지게 하는 기능이다.

투명한 가격 결정과 신속한 가격발견은 효율적 유통의 전제 조건이다. 이를 위해 합리적이고 명확한 등급표준화가 필수적이다. 증권시장이나 선물시장 등 현대적 시장은 경매라는 가격 결정 과정을 채택하고 있다. 시장의 모든 정보를 즉시 반영해 경쟁적으로 가격을 결정하는 과정이 가장 효율적이기 때문이다. 상품의 경우도 다르지 않다. 그런데 여기에는 거래대상의 표준화가 전제되어 있다. 상품 품질에 따라 등급을 나누고, 각 등급에 해당하는 표준을 정하는 것은 거래되는 상품을 직접 확인하지 않는 견본거래나 신용거래를 가능하게 한다. 이는 가격 결정을 신속하게 할 뿐만 아니라 거래비용도 하락시킨다.

그런데 가락시장에 출하되는 농산물은 모두 출하자가 자의적으로 판단해 등급을 표기하고, 가락시장은 출하자 등급과 관계없이 경락가격에 따라 다시 등급을 표시한다. 이런 실태는 품질을 정확하게 적시해 적정가격을 결정하거나 샘플 경매를 통해 거래비용을 줄이고 고품질화를 촉진하는 등급화 본연의 기능을 어렵게 한다. 우리도 제도적으로는 농산물 등급표준화를 운영하고 있다. 문제는 정부의 등급표준이 소비자 선호나 평가의 합리성과 상관없이 일방적으로 정해져 있어 시장에서 작동하지 않는다는 데 있다. 소비자 중심의 합리적인 등급표준화는 유통 효율화를 위한 최우선 과제다.

2001년에 보다 신속하고 투명한 가격 결정을 위해 도입된 전자경매는 효율적 가격을 가능하게 했지만, 기존의 영국식 경매 방식이 최고입찰가 방식으로 바뀌면서 중도매인들은 상대방의 응찰가격을 알지 못하게 되었다. 영국식 경매는 시장 수급여건에 따라 과대응찰의 가능성이 있지만, 최고입찰가 방식은 소위 '승자의 저주'를 피하기 위해 자신의 진정한 지불의사支拂意思보다 낮은 응찰가격을 제시한다고 알려져 있다. 상품의 종류와 시장의 특성에 따라 다양한 방식의 가격 결정 과정이 고려되어야 한다. 또 정부가 의욕적으로 추진하고 있는 정가 수의거래도 신속한 가격전파를 통해 경매의 가격발견 기능을 약화하지 않아야 한다.

1994년 농안법 개정으로 중도매인들은 복수의 도매법인과 거래할 수 있게 되었다. 그러나 가락시장 청과 중도매인의 복수법인 거래는 전체 거래량의 7.5%에 지나지 않는다. 중도매인들의 복수법인 거래는 법인 간 경쟁을 촉진하고 가격 격차를 줄여 일물일가를 이루는 데 중요하다. 복수법인 거래는 거래수수료를 인하하고, 우수 농산물의 수집 활동을 촉진하는 등 중도매인에 대한 서비스의 질을 높이는데도 기여한다. 중도매인의 복수법인 거래를 저해하는 요인을 분석해 복수법인 거래를 촉진하는 노력도 중요하다.

도매법인 정산 업무에 산지에서 이루어지는 밭떼기 등 선도거래先導去來의 청산清算 기능을 탑재하는 것도 필요하다. 배추와 무 등 수시로 가격 파동을 겪는 품목의 경우 밭떼기 거래가 전체 산지유통의 80% 이상 차지하지만, 가격폭락 시 상인들에 의한 계약파기는 오랫동안 농민의 원성과 경영위험의 주원인이 되어 왔다. 2008년 미국의 서브프라임 금융위기 이후 결제위험이 큰 선도거래의 계약이행을 보장하기 위해 국제결제은행 BIS: Bank of Internation Settlement 주도로 설립된 중앙청산소 CCP: Central Clearinghouse는 금융시장의 안정에 중요한 역할을 하였다. 우리의 농산물 선도거래에도 청산소 도입을 통해 계약불이행 폐해를 근본적으로 없애고, 농가경영을 안정시키는 것이 필요하다.

농산물 유통의 효율화는 유통구조가 아니라 유통조성 기능으로 풀어야 하며, 유통정책은 조성 기능이 정상화 되는데 초점을 맞춰야 한다. 효율적 유통조성 기능은 유통뿐만 아니라 생산과 소비의 효율화도 가능하게 한다.

농산물 선도거래 청산소를 도입하자

농산물 선도거래 청산소는 선도거래의 계약불이행 위험을 제도적으로 제거해 밭떼기 거래를 할 수밖에 없는 많은 농가의 경영안정에 기여할 수 있으며, 향후 농산물 선물 및 옵션 등 파생상품 시장의 도입에 견인차가 될 수 있다. 정부 역할이 줄어드는 시장개방 시대에 정부의 위험관리 정책을 보다 효과적으로 대체할 수 있는 시장기구의 도입이 필수적이다.

불공정거래로 농민 착취의 대명사쯤으로 인식되는 밭떼기 거래가 여전히 농민들이 가장 많이 이용하는 유통경로인 것을 어떻게 해석해야 할까? 우리 농민들은 농사짓는데 가장 어려운 점으로 가격 불확실성을 들고 있다. 오랫동안 대부분 농민은 극심한 가격위험에 시달려왔으며, 합리적 계획에 의한 경영보다 운에 맡기는 투기적 경영을 해왔다. 수입자유화와 과잉생산 기조는 농산물 가격위험을 더욱 심각한 문제로 만들고 있으며, 이는 농가 소득을 감소시키고, 농가 부채를 키우는 중요한 원인이 되고 있다.

특히 채소작물의 경우 거의 매년 가격폭락과 폭등이 뒤풀이 되는 상황 속에서 위태로운 곡예 경영을 하고 있으며, 이들 농가는 가격위험을 없애기 위해 주로 밭떼기 거래라 불리는 선도거래先導去

*를 하고 있다. 배추와 무 등 저장성이 약한 작물의 경우, 선도거래 비중이 70~80%를 차지하고 있다. 선도거래는 파종기에 수집상과의 계약을 통해 미리 정해진 가격에 판매하는 거래로, 수확기 가격에 상관없이 미리 정한 가격을 수취하기 때문에 가격변동 위험으로부터 자유로워진다.

그러나 농가의 가격위험이 상인에게 전가되기 때문에 이에 대한 보상을 해줘야 하며, 이는 낮은 계약가격의 형태로 나타난다. 밭떼기 거래의 더 중요한 문제는 수확기 가격이 폭락할 경우 상인들이 계약을 이행하지 않고 그 부담을 농가에 귀속시키는 것이다. 이에 따라 농가는 밭떼기 거래를 통해, 가격위험을 없애는 한편 계약불이행의 위험에 노출되는 것이다. 정부는 표준계약서를 도입하는 등 계약불이행 위험을 줄이기 위해 노력하지만, 상인의 우월적 지위 등으로 구두계약이 여전히 성행하고 있다.

채소 농가의 경영위험을 보다 안정적으로 관리할 수 있는 제도적 장치로 정부는 10여 년 전부터 「계약재배안정화사업」을 도입해 운영하고 있다. 이 사업은 농가와 사업 주체인 농협이 자율적으로 계약가격과 가격 범위를 정해 거래하고, 만약 수확기 시장가격이 이를 벗어날 경우, 손익을 농가와 농협이 일정 비율로 분배하는 합리적 형태의 계약이다. 그러나 정부나 농협의 지속적인 노력에도 불구하고, 이 사업을 통해 가격위험을 관리하는 물량은 전체 생산량의 10%에 지나지 않아 효과적인 정책이 되지 못하고 있다.

계약재배안정화사업이 제도적 장점에도 불구하고 더 확대되지 못하는 가장 중요한 원인은 경쟁상대인 밭떼기 상인이 농가에 더 많은 서비스를 제공해주기 때문이다. 상인들은 밭떼기 거래 시 농가 대신 수확해주거나, 많은 선급금을 지불하는 등 금융상 편의를 제공해준다. 농가가 계약불이행 위험을 무릅쓰고 밭떼기 거래를 하는 것은 상인이 제공하는 추가적인 서비스를 중시하기 때문으로 해석할 수 있다.

농가 입장에서는 더 유리한 정산조건을 제시하는 계약재배안정화사업에 밭떼기 상인이 제공하는 서비스를 결합하거나, 계약불이행 위험을 제거한 밭떼기 거래가 바람직할 것이다. 그러나 계약재배안정화사업의 주체인 농협이 상인이 제공하는 다양한 서비스를 제공하기는 어려울 것으로 보인다. 그 대안으로 밭떼기 거래의 계약불이행을 제도적으로 차단하는 선도거래 청산소 clearing house의 설립을 고려할 수 있다.

청산소란 일단 매매계약이 체결되고 나면, 계약 쌍방의 중간에서서 각 계약당사자의 상대자로서, 계약의 이행을 책임지는 금융기구이다. 선도거래의 문제점을 제도적으로 보완하기 위해 만들어진 청산은 계약이 이행되지 않을 신용위험을 제거하는 제도적 장치다. 최근 금융기법이 발전하고 시장 규모가 커지면서 선도시장의 계약불이행 위험을 없애고자 하는 수요가 급증하고 있다. 이에 따라 외환과 상품 등의 장외 선도시장에서 계약을 보증해주는 청산소가 적극 활용되고 있다. 청산소는 계약의 신뢰성과 시장의 유동성을 높여 시장 효율성을 높이고, 가격위험을 관리하는 비용을 절감시킨다.

농산물 선도거래 청산소는, 선도거래의 계약불이행 위험을 제도적으로 제거해, 밭떼기 거래를 할 수밖에 없는 많은 농가의 경영안정에 기여할 수 있으며, 향후 농산물 선물 및 옵션 등 파생상품 시장의 도입에도 견인차 역할을 할 수 있다. 정부 역할이 줄어드는 시장개방 시대에 정부의 위험관리 정책을 효과적으로 대체할 수 있는 시장기구의 도입이 필수적이다.

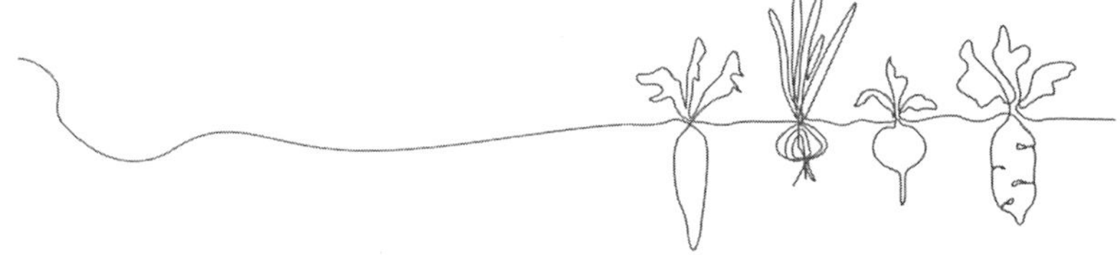

이제 농업의 품격을 높이자

무엇보다 농업인 스스로 자신의 직업과 역할에 대한 자긍심을 높여야 한다. 농사는 어쩔 수 없이 하는 것이며, 자식에게는 절대 농사를 물려주지 않겠다는 푸념은 도시민들이 농업을 경시하게 만드는 첫 단계이다.

이제 웬만한 농업경영체는 물론이고, 대부분 농업인도 브랜드 마케팅의 중요성을 인식하고 성공적인 마케팅을 위해 다각적인 노력을 하고 있다. 브랜드 마케팅은 궁극적으로 잠재적 고객에게 내 상품의 존재와 차별성, 그리고 우수함을 알리고, 기존 고객이 다른 브랜드에 눈길을 주지 않도록 끊임없이 설득하는 작업이다. 이런 과정은 요란한 광고나 현란한 수사만으로는 이루어지지 않는다. 무엇보다 상품 품질이 우수해야 하고, 그 상품을 소비하는 것에 단순한 경제적 가치를 넘는 특별한 만족감을 주어야 한다. 즉, 상품이 포함한 문화적 콘텐츠를 파는 것이 브랜드 마케팅의 핵심이다.

경쟁 상품에 비해 높은 가격에 팔리면서도 변함없이 소비자 선택을 받는 것, 이것이 브랜드의 힘이며, 이는 그 브랜드가 주는 만족감에 대한 보상이다. 브랜드가 주는 만족감은 비싼 상품을 소비한다는 우월감도 있겠지만, 우수한 상품을 소비하는 데서 오는 안도감과 그 상품이 갖는 도덕적, 윤리적 속성에 대한 공유에서 온다. 탄소 라벨링을 부착한 농산물은 소비자에게 상품의 소비를 통해 지구온난화 해소에 기여한다는 자부심을 주며, 공정무역 상품은 열악한 환경의 개도국 노동자에게 정당한 보상을 주고, 자립 기반을 제공한다는 도덕적 뿌듯함을 준다.

새 정부가 들어섰다. 우리 농업도 새로운 희망과 비전으로 기대하는 마음이 가득하다. 그러나 이러한 기대만으로 우리 농업이 희망찬 농업으로 되살아나지 않는다. 농업은 생명 산업이고 녹색산업이며, 농업 없이 선진국이 될 수 없다는 구호만으로는 소비자와 국민의 마음을 잡을 수 없다. 농업과 농촌, 농민의 전체적인 품격을 높여야 한다. 이를 위해 무엇보다 농업인 스스로 자신의 직업과 역할에 대한 자긍심을 높여야 한다. 농사는 어쩔 수 없이 하는 것이며, 자식에게는 절대 농사를 물려주지 않겠다는 푸념은 도시민이 농업을 경시하게 만드는 첫 단계이다.

단순히 먹고 살기 위해 농사짓는 것을 넘어, 동식물의 생명을 소중히 다루고, 환경을 보호하며, 자원을 아껴 쓰는 농법을 통해 정직하고 깨끗한 먹을거리를 생산함으로써 농업인으로서의 자존심을 높이고 소비자의 존경을 받는 일부터 시작해야 한다. 친환경농업을 통해 도시민의 건강을 지키고, 농촌과 도시의 연계를 통해 인간성을 회복하고, 궁극적으로 온 국민의 먹을거리 인권을 지키는 농업이 되어야 한다. 이와 함께 도시농업의 확산을 통해, 도시민에게 농업의 중요성을 알리고 농업인의 저변과 다양성을 확대하는 것도 중요하다. 텃밭이나 건물 옥상, 아파트 베란다에서 직접 농사짓는 도시 농민은 친환경 농업의 지지자이며, 농업의 든든한 우군이고, 농업의 품격을 높이는 디딤돌이 된다.

이제 우리 농업과 농촌과 농민 의식의 리모델링을 통해 농격農格을 높이는 노력이 필요하다. 온 국민이 농업을 소중히 여기고, 농촌을 그리워하며, 농민을 존경하는 그런 날을 오기를 소망한다.

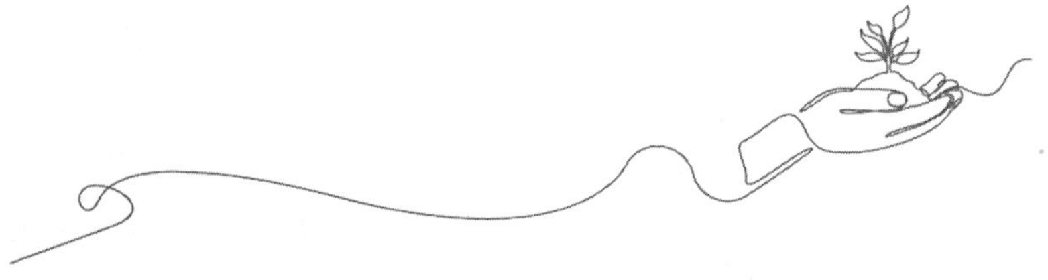

에필로그

누구나 행복할 자격이 있다.

Everyone deserves to be happy.

농업경제학자로서 먹는 문제와 씨름해왔던 지난 45년, 아쉽고 안타까운 일도 많았지만, 보람되고 행복한 시간이었다. 세상의 모든 농업인을 응원한다.

공부하는 직업 : 농업경제학과 함께 한 여정

초판발행 2026년 3월 3일

지은이 양승룡
펴낸이 오판근
펴낸곳 (주)교우
주 소 서울시 동대문구 약령시로 8 교우빌딩 2층 (주)교우
전 화 02-925-2861/ **팩 스** 02-925-2860, **편집부** 02-925-2825

홈페이지&북스토어 www.kyowoo.co.kr / **이메일** kyowoo@kyowoo.co.kr
등 록 1994년 3월 24일 제1994-000013호
ISBN 979-11-251-0483-4(03520)

Published by Kyowoo Co., Ltd. Printed in Korea

(주)교우는 보다 혁신적이고 참신한 도서를 다양하게 기획하고 있습니다.
책으로 펴내고자 하는 아이디어나 원고는 메일로 보내주세요.
(주)교우는 전과정을 책임지고 최선을 다하겠습니다.

값 15,000원

교우미디어는 (주)교우의 Imprint사입니다.
수학정원 · 과학정원은 (주)교우의 새로운 브랜드명입니다.

잘못된 책은 구입하신 서점에서 교환해 드립니다.